活明白
悦迷茫

吴圣奎 著

作家出版社

目 录
CONTENTS

序一 哪有人生不迷茫?

人生于迷茫，也必然在迷茫中度过一生。

张继星做律师七八年，不用说路过大大小小的沟沟坎坎，就算是大江大河也曾赤裸着上半身在里面泡过的。但据说这两天张大律师心中颇不宁静，一定要邀上我以及新闻系铁哥们儿姚岩诉说衷肠。

我们三个是大学同学。我和继星是硕士同班同学，都学法律，也都酷爱踢足球。球场上互殴不停，球场下谩骂不断，但是关系只能用一个词形容：真铁！姚岩也是踢足球认识的，那头畜生废话无限多，经常受到我和继星的联手强力批判，却早已亲如兄弟，无话不说了！

还没有走进包间，我就已经听到继星在那儿一把鼻涕一把泪地对着姚岩喊冤诉苦了。看着我走进包间，继星更是满脸的委屈："我干了这么多年律师，越来越不知道有什么人可以相信了！亲戚反目成仇，哥们儿欺骗哥们儿，同学相互利用，官员居心叵测，学者抄袭不停，富人为富不仁，穷人赖账成性，我都不知道谁该相信了！"

"嗨，嗨，哥们儿，做了几年律师，至于这样阴暗吗？"我实在忍受不了继星如此极端了，"姚岩，咱们走，估计这个家伙要骗我们了!"

"继星说得有点儿道理。"平日里一肚子坏水的姚岩竟然会吐出几句公道话,"我一直都记得很多年前我和你们一道去法院听的第一个案子!也算是我旁听的处女案吧。亲姑父是第一被告,亲侄子是第二被告。他俩吆喝一群人打死了两个人。姑父在法庭对着法官和所有人说:这个事情完全和他没关系,都是他侄子干的。侄子确实又高又壮,但才刚满十八周岁,鬼才相信全是他侄子干的!当时我听得脊梁骨都凉透了,想想姑侄俩曾经推杯换盏、快意人生的场景,觉得人性太阴暗了。"

姚岩说的案子我也记得非常清楚,案子还有好多个被告,其中一个被告申请了法律援助,继星当的辩护人。我当时也去听了。后来姑父很快就被毙了,侄子被判了十多年。在法庭上我就对姚岩说,要是姑姑和孩子的爸爸妈妈听到姑父这么说,会怎么想啊!

"哎,听过一两个庭,在我们面前显摆啥呀?"虽然这家伙说的我也赞同,但是总不能让这家伙在我们法律专业人士面前逞威风吧,"天下熙熙,皆为利来,没有听过吗?马克思不是也说过:人们的一切努力都是为了他们的利益!小恩小惠,谁都不在意;大是大非,别想占到别人的便宜。继星你还记得你代理过的一桩命案吗?朝西法院的,因为继承财产发生了纠纷,姐姐把妹妹一家烧伤一半、烧死一半啊!"

"那个案子对我打击太大了!"继星长叹道,"妹妹一家,妹妹和妹妹的儿子烧死了,留下了烧伤的丈夫和一个不到十岁的女儿。姐姐判了无期,姐夫判了五年,留了一个十多岁的男孩儿。一大家子为了六十多平方米的房子,全毁了!亲情在一套房子面前,不堪一击啊!"

"人之初，性本恶！"姚岩显然继承了法家的思想。

"我最近特迷茫，真不知道有谁可以相信，真不知道有什么可以靠得住。我都不想做律师了。"继星狠狠地吃了口菜，似乎要发泄完心中全部的郁闷，"以前，这些事情发生在别人身上，即便是作为代理律师，毕竟不是自己的事情，愤怒而已，同情而已。一旦事情发生在自己身上，感觉完全不同啊。"

"你知道我说的是谁的事吗？"继星盯着我的眼睛。

"大哥，你自从做了律师，职业道德比执业水平高多啦！你守口如瓶，我哪里知道你是和哪位女士发生了什么关系啊？"我不是故意装成一脸无辜！

"哎！这和客户信息没有一根毛的关系。"继星叹了一口气，"太TM丢人了！我真的是一忍再忍不想说，但是实在是忍无可忍啊！再说了，对你们这两个畜生，我也不能不说啊！"

刹那间，姚岩的好奇心高速膨胀起来，同情心早不知跑哪里去了，嘴里出来的自然也不是什么好话："你被小三甩了啊？早就告诉你，唯女子与小人难养也！出来混迟早要还的！就还给我吧！你那小三在哪儿？我亲自登门去教育她！"一边说着，露出满脸的坏笑。

继星的表情甚是严肃："别扯了！我不是早告诉你们从旺德集团撤出来的事情了嘛！说出来不怕丢人，我那是被那家伙逼着出来的啊。已经出来了将近一年，一分钱也没有给我！辛辛苦苦工作了一年多，说就两万块钱，再多一个子儿也没有了！民工纯苦力也比这挣得多的多啊！我帮着她处理过一堆的事情和案子啊！当初我提出一年三十万、封顶五十万的要求，她满口答应，口口声声承诺一年至少三十万的。"

继星说的这个人我太熟悉不过的。我们三个都是硕士同班同学，师出同门，当初关系非常不错。这个人中文名叫任萍，日本人，家族在日本号称望族，据说政府背景不错，在日本做企业做得非常棒，一直做到了东南亚和中东，倒是一直没有进入中国大陆。任萍很久之前就希望"进军"中国大陆法律市场，这才到中国大学的法学院读了硕士。任萍硕士毕业以后去美国待了两年，更坚定了"进军"中国大陆法律市场的决心。

"是小萍啊！"姚岩顿时激情澎湃，脸上都快绯红了，"哎……思念啊！"

"那当然，就是你紧追不舍的小萍啊！你追着追着，就遭遇了人家老公！你真幸运，两条狗腿到现在还好好的！"继星的情绪好多了！

我们狂笑！

继星做律师多年，按理说应该是什么都看开了，也应该可以做到八面玲珑了，但至今没能练成神功。不但没有修炼成"正果"，而且为人一直相当朴实，极为实在，乐于助人就是他的标签，所以人缘非常好。小萍一开始开了一个咨询公司，但是很多事情没有律师事务所的公章很难处理。因为需要出具大陆律师的法律意见，和别的律师事务所合作小萍总觉得成本太高，于是萌生了自己出资弄律所的强烈念头。继星乐于助人一如既往，帮助小萍自然是意料之内的事情。这不，在学校的时候继星就被小萍相中了。于是乎，从找所，到谈合作，到进驻，到人员和业务管理，继星尽职尽责，全力以赴。可是，半年不到，"噩耗"传来：继星退出！

当初继星给我们的退出理由是：业务领域差距太大。

"其实什么狗屁业务领域差距太大啊？因为转所时间拖得长了些，再加上后来所里也能正常运转了，她觉得我没有什么利用价值了，就一脚把我给蹬了！"我仿佛看到了继星被蹬时大把眼泪从眼里吧嗒吧嗒流出来、可悲可泣的唯美画面。

"是非曲直我也不想再说了，也没有什么意思。反正最后的结果是，被人一脚狠狠地踢了。最可恨的是，她竟然将一年三十到五十万的承诺一口否定。前一天还口口声声说'继星，三十万我牢记在心'，一转脸告诉我'谁承诺三十万了'？小日本，真不要脸啊！"

"你丫这么多年律师白做了！"姚岩愤愤不平外加冷嘲热讽，"你们做律师不是最讲究证据吗？七八年的律师生涯，会干这种蠢事？打死我都不信！我更愿意相信小萍，肯定是你在说谎！"

"你……"继星真的怒了，"你TMD再这么说，我让你尝尝盖浇猪头是什么味道……"

长叹了一口气，继星说道："我真够猪头的。但是你想想我们是什么关系！我们是同班同学啊，我们是一个导师——同门啊！你想想她是谁，他们家在日本号称是望族，她老公也做的大买卖，不缺的就是钱啊！"

"大哥，你这是什么逻辑？你看不起我们穷人是吗？"姚岩又发话了，"你做了几年律师，尽帮着富人恶人说话。你就是我们穷人的天敌！"

"你们这两个畜生到底有没有良心啊？我律师都快做不下去了，你们还煽风点火！"

"可是我真的很思念小萍啊！多有品味的女人，唱起日文歌来温文尔雅，还跳着小舞，我瞬间就有犯罪想进监狱的感觉了！"

"姚岩，你要是再说，我就和继星把你脚筋抽了，让你直接跪地向人家求婚去吧！"我实在是看不过去了。"姚岩同学，通过媒体可以帮助继星解决这个问题吗？"

"这个事情算个屁啊，没有任何新闻性，每天在全世界上演无数次，有无数个不长记性的'继星'充当着倒霉蛋。对方的身份倒是一个小亮点，但做文章的可能性也不大。"

"我怎么都没有想到同班、同门、富翁会在乎这么一点钱！不然的话，我怎么会连一个字都不留下呢？她出身日本望族，受过欧美的教育，我绝对不相信她有信用问题啊！"继星又要哭了！

"大哥，除了你爹你妈，谁都靠不住！"岁月让姚岩的语言越来越简洁有力。

"傻孩子，你太纯真了！我比以前更爱你了！你给那么多企业做过法律顾问，你还不知道，富翁比谁都会算计啊！老百姓常常用纯朴来形容。你听说过哪个富翁被形容成纯朴吗？我早就注意过小萍的眼睛和脸庞，那不是一双女人的眼睛，那也不是一张女人的脸蛋！我总觉得这个女人的脸上有阵阵杀气。我就搞不明白了，姚岩你这小子为什么会喜欢上这种女人！"

"那你们说说我到底该怎么办呢？这半年多来对我完全不理不睬，所有联系方式全部屏蔽。我肺都气炸了。总不能去日本告这个娘们儿吧！"

"让姚岩代理这个案件，去日本吧！代理费尽量少收点儿。"

"我看行！"姚岩抢过话来，感觉非常爽，估计开始做春梦了！

"傻孩子，吃点亏算啥呀？长个记性也不错啊！你不就叫'长记性'吗？哪有人不犯糊涂啊？看清一个人挺好的，尤其是身边的人，花点儿学费值了。"

"哎，我做了这么多年律师，确实看过了太多的阴暗面。

但是，事情轮到了自己，真的无法接受。没有学法律之前，我总觉得这些事情都是电影电视里演的，过眼烟云的娱乐而已。做了律师之后，我觉得这些事情都是个案，都是不正常的。经过了这个事情以后，我的世界观被彻底颠覆了，我真的非常痛苦！我真不知道该怎么做人了！"

姚岩的春梦很快就醒了："哥们儿，哪有人生不迷茫啊！要得着就要，要不着就努力挣钱吧，哥们儿！好好做两个案子钱就挣回来了，和那个娘儿们扯什么啊？喝酒吧！今夜不醉不眠！"

……

一夜畅饮！

我心中却始终萦绕着那句话：哪有人生不迷茫啊！继星遇到的事情确实太普通了，我们几乎每天都听到类似的事情发生在世界各地。同学又如何？同门又如何？富翁又如何？女人又如何？文化又如何？在巨大的利益面前，有时候甚至在很小的利益面前，很多人都经不住考验！事后诸葛亮常常都如我一般清醒，但是当事者呢？何止一时迷茫，有时甚至一世迷茫！

有人说，谁的青春不迷茫！其实，何止年少迷茫，青春迷茫！人的一生都在迷茫之中度过：谈恋爱时迷茫，结婚时迷茫，怀孕时迷茫，生孩子迷茫，养孩子迷茫，教育孩子迷茫，事业迷茫，家庭中迷茫，遇到疾病无限迷茫，死亡来临时依旧迷茫……

一代人有一代人的迷茫！后人常常笑话前人糊涂，我们又何尝不会被后人视为笑柄！迷茫终身相伴，困惑代代相传！

1980年5月，《中国青年》杂志发表了一篇文章《人生的路呵，怎么越走越窄》。一篇不大的文章，引起了持续半年多时间全国范围内"为什么要活着"的讨论，6万多人写信参与了讨论，一时间街评巷议，盛况空前。

23岁的"潘晓"，常常感到一种痛苦，因为"我眼睛所看到的事实总是和头脑里所接受的教育形成尖锐的矛盾"：

> 在我进入小学不久，"文化大革命"的浪潮就开始了，而后愈演愈烈。我目睹了这样的现象：抄家、武斗、草菅人命；家里人整日不苟言笑；外祖父小心翼翼地准备检查；比我大一些的年轻人整日污言秽语，打扑克、抽烟；小姨下乡时我去送行，人们一个个掩面哭泣，捶胸顿足……我有些迷茫，我开始感到周围世界并不像以前看过的书里所描绘的那样诱人。

小孩子自然是无法分析清楚这些事情的，不知道到底是应该相信书本还是应该相信眼睛，不知道到底是应该相信师长还是应该相信自己。

伴随着年龄的增长，生活的各种打击又向这个生活中充满困惑的孩子迎面扑来：

> 那年我初中毕业，外祖父去世了。一个和睦友爱的家庭突然变得冷酷起来，为了钱的问题吵翻了天。我在外地的母亲竟因此拒绝给我寄抚养费，使我不能继续上学而沦为社会青年。我真是当头挨了一棒，天呵，亲人之间的关系都是这样，那么社会上人与人的关系将会怎样呢？

现实无比的残酷，让十几岁的小孩子简直无法招架。可是生活还是充满了美丽的诱惑，在向年轻人"潘晓"招手。但是，年轻人又一次失望了。

> 我相信组织。可我给领导提了一条意见，竟成了我多年不能入团的原因……
>
> 我求助友谊。可是有一次我犯了一点过失时，我的一个好朋友，竟把我跟她说的知心话悄悄写成材料上报了领导……
>
> 我寻找爱情。我认识了一个干部子弟。他父亲受"四人帮"迫害，处境一直很惨。我把最真挚的爱和最深切的同情都扑在他身上，用我自己受伤的心去抚摸他的创伤。有人说，女性是把全部的追求都投入爱情，只有在爱情里才能获得生命的支持力。这话不能说没有道理。尽管我在外面受到打击，但我有爱情，爱情给了我安慰和幸福。可没想到，"四人帮"粉碎之后，他翻了身，从此就不再理我……

残酷的现实，"潘晓"无法分析清楚，从熟人和朋友、老师那里，"潘晓"同样不能找到解释困惑的答案。最终，年轻人不得不求助于人类智慧的宝库——书。

当"潘晓"看到大师们如刀子般犀利的笔把人性一层层揭开，年轻人似乎已然洞悉人世间的一切，于是年轻人平静了，却也渐渐冷漠了：

> 社会达尔文主义给了我深刻的启示。人毕竟都是人哪！谁也逃不脱它本身的规律。在利害攸关的时

刻，谁都是按照人的本能进行选择，没有一个真正虔诚地服从那平日挂在嘴头上的崇高的道德和信念。人都是自私的，不可能有什么忘我高尚的人。过去那些宣传，要么就是虚伪，要么就是大大夸大了事实本身。如若不然，请问所有堂皇的圣人、博识的学者、尊贵的教师、可敬的宣传家们，要是他们敢于正视自己，我敢说又有几个能逃脱为私欲而斗争这个规律呢?! 过去，我曾那么狂热地相信过"人活着是为了使别人生活得更美好"，"为了人民献出生命也在所不惜"。现在想起来又是多么可笑！

……

我体会到这样一个道理：任何人，不管是生存还是创造，都是主观为自我，客观为别人。就像太阳发光，首先是自己生存运动的必然现象，照耀万物，不过是它派生的一种客观意义而已。所以我想，只要每一个人都尽量去提高自我存在的价值，那么整个人类社会的向前发展也就成为必然的了。这大概是人的规律，也是生物进化的某种规律——是任何专横的说教都不能淹没、不能哄骗的规律！

爱读书、爱写作的"潘晓"似乎对人生和社会有了很深刻的领悟，似乎应当感到充实、快乐和有力量，但是她的内心依然饱受痛苦，倍感挣扎，依然不停地折磨自己。时代没有让她找到宽阔有力的臂膀，现实中的矛盾让她对自己产生了深深的怀疑。

……

眨眼之间，曾经怀揣着梦想、困惑和感悟的"潘晓"们就这样从年轻到不再年轻！并且，尽管"老一辈"年轻人已然成熟，甚至老去，他们的很多困惑好像没有随着曾经的懵懂岁月一起消逝。

与此同时，"新一代"和"新新一代"的年轻人又开始怀揣梦想、怀揣困惑，也怀揣感悟，蜂拥而来！在拥挤的人群中，充满了梦想，充满了困惑，激扬着感悟！

感悟天天都有！迷茫和困惑却永存！

人生于迷茫，又在迷茫之中度过一生，何曾与迷茫渐行渐远？

看来，我们的一生，注定与迷茫相伴！

活明白是每个人的追求，只不过，难得明白。

序二 谁主沉浮：一只看不见的手

纷纷扰扰的大千世界中，处处都有一只看不见的手。

谁杀了美国总统

在绝大多数美国人看来，1963年11月22日是个非常不寻常的日子。那一天，前美国总统肯尼迪在德克萨斯州的达拉斯市遇刺身亡。

事后，有不少人相信，肯尼迪总统本人早已预感到死亡。1963年6月，在结束了和几个全球性组织的代表的讲话后，肯尼迪总统突然从口袋里掏出一张纸，朗诵起莎士比亚的《约翰王》的片断：

> 太阳为一片血光所笼罩，美好的白昼，再会吧！
> 我何去何从呢？
> 我身不由己，两方的军队各自握着我的一只手，
> 任何一方我都不能撒手，在他们的暴怒之中。
> 像旋风一般，他们南北分驰，肢裂了我的身体。

据说，在肯尼迪总统遇刺后，副总统约翰逊从急救肯尼迪的帕克兰医院出来，就直奔"空军一号"座机，而不是副总统理应乘坐的"空军二号"。当已故总统肯尼迪的夫人杰奎琳和随行人员陪同肯尼迪的灵柩进入"空军一号"座机后，杰奎琳没有敲门就进入了机首的座舱，因为直到那个时候那里仍然是她的卧室。但她一下子惊呆了，因为约翰逊没有脱鞋，和衣躺在了床上，正在向坐在总统办公桌前的女秘书交代着什么。约翰逊看到已故总统的夫人后，才慢慢站起来，没有吱声，悄悄走了出去，女秘书跟着出去了。因为肯尼迪生前和副总统约翰逊不和，所以有人认为约翰逊采取突然袭击的办法，篡夺了肯尼迪的总统宝座。假设历史确实如此，约翰逊还是着急了一些，因为不仅总统宝座，还有总统座机和总统宝榻，马上就都归他了！

美国总统死于光天化日之下，举国震惊！和中国人民一样伟大的美国人民强烈要求追查和严惩凶手。1963 年 11 月 29 日，约翰逊总统下令成立了一个 7 个人组成的特别委员会，号称沃伦委员会，因为最高法院院长厄尔·沃伦是这个委员会的一把手。

但是，委员会成立不久，一把手沃伦就发表了轰动一时的声明："一些与暗杀肯尼迪总统有关的事实，可能不会在我们这一代活着的时候公开。"

头脑清醒的记者们随即写道：现实主义迫使我们不能寄托太大的希望……委员会将要完全取决于中央情报局、联邦调查局和达拉斯警察局提供的信息。

不出记者们所料，沃伦委员会刚刚开始工作，联邦调查局的调查报告就给出了四点结论：第一，肯尼迪总统为李·奥斯瓦尔德一个人枪杀；第二，奥斯瓦尔德在任何阶段都没有同谋；第三，杀害奥斯瓦尔德的杰克·鲁比也是单独行动；第四，杀害肯尼迪总统和奥斯瓦尔德的背后没有任何美国国内外的团体的阴谋。

这四点结论称为指导性意见是不是更加妥当呢？

世界上最强大的调查局（之一）——美国联邦调查局——还得出了一个总结论：这彻头彻尾是美国的一个悲剧：1.9亿美国人中的两个精神状态不稳定的人的纯个人行为。

长达10个月的调查工作之后，沃伦委员会形成了近30万字的报告，页码在中国人看起来很吉利，888页。1964年9月27日，沃伦委员会的最终报告的核心部分公开发表，忠实地遵循了联邦调查局的调查结论：不存在杀害总统的密谋，奥斯瓦尔德是单独行动！

过去，很少有人相信美国联邦调查局的结论，以及沃伦委员会的郑重附和。现在，几乎没有人会相信这是真实的历史。

疑点太大也太多了。

美国上上下下都把奥斯瓦尔德说成是一个亲苏的赤色分子，为什么当时没有人按照对美国总统安全保护的惯例，在总统经过的地方把危险人物控制起来呢？接着，就在奥斯瓦尔德被警方抓获不到两天，他就被另一名犹太杀手杰克·鲁比近距离枪杀，据说作案动机是"要向全世界的人展示犹太人的胆量"。这无疑是最大的疑点。

为什么会出现"神奇的子弹"？打中肯尼迪颈部的子弹绝对不可能先击中了肯尼迪以后，再射中坐在肯尼迪前方的德州州长。但这种情况确实"发生了"！

为什么副总统约翰逊神一样地预测到子弹即将飞过来一

样，在第一发子弹飞出前30或者40秒左右就开始在车里弯下身来，甚至在车队拐上休斯顿大街之前就这样做？

为什么肯尼迪的弟弟罗伯特——著名的民权运动推动者，在1968年当选民主党候选人之后，几乎肯定可以当上总统——却在大庭广众之下被乱枪打死？

为什么在肯尼迪被刺杀后的短短三年中，18名关键证人纷纷死亡，其中有6人被枪杀，有3人死于车祸，有2人自杀，有1人被割喉，有1人被拧断脖子，有5人"自然"死亡！为什么从1963年到1993年，115名相关证人在各种离奇的事件中自杀或者被谋杀？这种巧合的概率或许是10万亿分之一？

看不见的手，无处不在

谁杀了总统？

一个人？两个人？一群人？还是几群人？

肯尼迪是怎么遇害的，美国的江湖中有很多传说，比如：有人认为是中央情报局的变节行为，因为中央情报局被肯尼迪总统撕成了碎片，所以中央情报局要报复肯尼迪；有人认为是联邦调查局干的，因为联邦调查局局长德加·胡佛被肯尼迪兄弟视为敌人；也有人认为肯尼迪遇害是黑手党或者美国极右势力所为；还有的说法是美国军事工业集团干的；……

按照《货币战争》中的说法，或许肯尼迪谋杀案与一份总统命令有关——1963年6月4日的鲜为人知的11110号总统令。该号总统令命令美国财政部以财政部所拥有的任何形式的白银，包括银锭、银币和标准白银美元银币作为支撑，发行

"白银券"，并立刻进入流通领域。肯尼迪的目的非常明确，就是要从私有的中央银行——美联储手中夺回货币发行权。如果这个计划得以实施，美国政府就可以逐步摆脱必须从美联储"借钱"并支付高昂利息的荒谬境地，甚至有可能迫使美联储破产。很多人认为，正是因为这一号总统令，使得总统和他身后强大而无形的金融集团之间产生了不可调和的冲突，于是悲剧发生了。

无论什么说法是正确的，人们都认定这次谋杀是一场巨大的阴谋。

发现真相是人生最大的乐趣之一，好奇心和探究欲在人类认识社会的武器库中绝对是无比宝贵的。

然而，真相固然重要，真相背后的真相或许更重要。真相背后的真相，说白了，就是有哪些规律在我们所看到的现实背后起着作用，起了什么作用。

伟大的亚当·斯密早已告诉我们，真相背后的真相，皆源于一只看不见的手。

亚当·斯密指出，这个世界上处处都有一只看不见的"手"，是它推动着人类社会不断地向前进步和发展。

伟大的《国富论》中，亚当·斯密指出：

> ……他们所以会如此指导产业，使其生产物价达到最大程度，亦只是为了他们自己的利益。在这场合，像在其他许多场合一样，他们是受着一只看不见的手的指导，促进了他们全不放在心上的目的。他们不把这目的放在心上，不必是社会之害。他们各自追求各自的利益，往往更能有效地促进社会的利益；他

们如真想促进社会的利益，还往往不能那样有效……

有心栽花也好，无心插柳也好，人们总是会有"心"无"心"做一些事情。这个"心"的背后，永远都会有一只"看不见的手"。

在《道德情操论》中，亚当·斯密对"看不见的手"解释得更清楚：

> ……尽管他们（富人）的天性是自私的和贪婪的，虽然他们只图自己方便，虽然他们雇用千百人来为自己劳动的唯一目的是满足自己无聊而又贪得无厌的欲望，但是他们还是同穷人一样分享他们所作一切改良的成果。一只看不见的手引导他们对生活必需品作出几乎同土地在平均分配给全体居民的情况下所能作出的一样的分配，从而不知不觉地增进了社会利益，并为不断增多的人口提供生活资料。

我不完全赞同亚当·斯密的说法，但是我确信，有一只手，无处不在，我们却看不见。

如果司马迁来解释这只看不见的"手"，那就是《史记·货殖列传》中我们听得耳朵都磨出无数层老茧的一句话："天下熙熙，皆为利来；天下攘攘，皆为利往。"

遥想司马迁当年，忍着宫刑巨耻，含恨写下了利在千秋的《史记》，创造了人类历史的奇迹。司马迁两千多年前之所以能忍辱负重，可能是因为他认为在巨大的利面前，在著成经典、利在千秋和流芳百世这样的大利面前，大害，也就是遭受宫刑，尽管让他时时痛苦，无限痛苦，居然可以忍受！在对现实已经无欲无求的环境中写成的长篇巨著，距离真实的历史或许是最接近的。数千年前，司马迁已了然于胸：皆为利来，皆为利往！

马克思曾说：一旦有适当的利润，资本家就会大胆起来。有百分之五十的利润，它就铤而走险；为了百分之一百的利润，它就敢践踏一切人间法律；有百分之三百的利润，它就敢犯任何罪行，甚至冒绞死的危险。

何止资本家？逐利是人类的本性。毕竟，人们奋斗所争取的一切都同他们的利益有关。利益，尤其是经济利益，是人们一切社会活动的最深刻的根源和动力。

无处不在的手在干什么？

无他，趋利而已，避害而已！

看不见的"手"只做一件事：趋利避害。

无数人寻找千万年的"永动机"，到底有没有？

当然有！

就是这只无处不在的趋利避害的手。

自然界为什么会不断变化，生物为什么会不停地进化，人类为什么会不停地成长直至今天的模样？这都是因为有一只看不见的"手"，无比神奇的"手"！这只趋利避害之手，深深地镌刻在宇宙中万事万物的"心"中，镌刻在我们每个人的心中，镌刻在我们每一滴鲜血之中，镌刻在我们的瞳孔里，镌刻在我们的肺叶内，镌刻在我们的每一块肌肉之中！

这只手充满了神奇的力量！因为这只无处不在的手，世界才变得如此复杂，变得如此捉摸不透，却又深藏规律！因为这只无处不在的手，我们才能够在大千世界中找到规律所在，找到我们的起点、方向和归宿。

没有任何事物，没有任何人，能够逃脱趋利避害之手的"巨掌"。

无论你承认，还是不承认，无处不在的手，就在那里！

这只看不见的手，有时候会强一些，有时候会弱一些；有时候我们几乎看不到它的存在，有时候又相当清晰地展现在我们的面前；有时候化作和风细雨，有时候恰如刀枪剑戟……

正是这样一只看不见的手，鼓动了一些人，这些人又派了一些人，杀害了肯尼迪。而肯尼迪，也肯定早已预感到，有一帮人，要杀他。而帮助肯尼迪总统的一帮人，却没有在关键的时候，帮到他。结果，肯尼迪总统没逃过这一劫，最终酿成了千古奇案。

真相没有解开，但是真相背后的真相，已无争议。

这个世界，真有个永动机：一只无处不在的手。我们看不见，但它就在那里；我们看不见，它却一刻不曾停歇。任何一种存在，对它俯首称臣。

第一章 参悟人性

第一节　我是谁？

一步步看清自己，一步步看清自己在人群中的位置，生命本意，进化使然。

我是谁？

据说，猫不知道镜子里的猫是自己。实验表明，有的猫会对镜子里的自己张牙舞爪，尽管一无所得；另外的猫可能会对身边的同类兴奋异常，但是对镜子里的自己却完全无动于衷。

这就是有名的镜子测试。所有的类人猿，包括侏儒黑猩猩、黑猩猩、猩猩和大猩猩，都通过了镜子测试。通过的意思是，这些类人猿能够认出镜子里面的自己。据说，猕猴、瓶鼻海豚、逆戟鲸、大象和欧洲喜鹊也能够认出镜子里面的自己。

猪好像并没有我们想象得那么笨。有科学家发现，大多数猪也可以通过镜子测试。八只被测试的猪当中，有七只可以通过使用镜子，找到隐藏在墙后面的食盆。第八只猪呢，则努力尝试着在镜子后面寻找食物。

狗和猫总得比猪聪明吧，至少在绝大多数人看来是如此，却没有一只能通过镜子测试。一个不满一岁半的婴儿，似乎也很难通过镜子测试。

不知道镜子里的影像到底是谁，不见得没有自我意识，有可能是视觉系统不强，也可能是自我意识还不够强。而能够辨认出镜子里的影像是自己的动物，通常是有较强自我意识的动物。

有意识是大脑对宇宙万物的一种察觉，这是动物们的基本特征。但是，有意识不代表产生了自我意识。自我意识是意识的高级状态。产生了自我意识，动物们就会对自己有或多或少的认识。自我意识越强，动物们就越是能够将自己和周围的环境区分出来。

自我意识越强，动物们越有可能去有意识的趋利避害。就像人，因为有了超强的自我意识，"我"字就越来越清晰地展现出来，我们就会想方设法地为我们自己好，去创造性地趋利避害，一步一步发展出越来越无与伦比的创造性，于是有了人类社会日新月异发展的今天。

很多时候，很多人会强调"利他"，强调诸如"大公无私"这样的品质，不少人甚至认为这样的品质是社会健康发展的核心动力。且不说大公无私很难存在，至少这种说法是非常不全面的。其实，正如亚当·斯密所述，自利才是这个社会发展的根本动力。中国自从1978年以来的经济社会的发展，至少可以说明一个问题，当人类趋利避害的自利本性得以张扬，可以产生多大的能量！包产到户是什么意思，就是自种自收自得，不吃大锅饭，就是弘扬人的自利本性。

如此清晰地找到了自我，知道了我是谁，是全部人类社会越来越快速发展的基本前提。

而不是相反。

我和我们是什么关系

当我们在自然界中找到了我们自己之后，我们还需要在社会中找到我们自己。

为什么呢？

因为，人是社会关系的总和。

在《毛泽东选集》第一卷，第一篇，"中国社会各阶级的分析"，第一段，第一句，伟大领袖毛主席指出：谁是我们的敌人？谁是我们的朋友？这个问题是革命的首要问题。

这里一共出现了三种人：我们，朋友，敌人。

我去哪里了？

为什么没有我呢？

正确答案是：主席非常严肃认真地把"我"藏起来了。

这是为什么呢？

因为革命战争中最好是忘了"我"。

为什么中国革命能够从胜利走向胜利，看看毛主席的最高指示：无我！忘我！大公无私！

试想一下，在中国革命军队处于相对劣势甚至相当劣势的情况下，如果我们充分珍视每一个士兵的生命、感情和理想，革命早就从失败走向完败了。

主席论断的正确性已经由血雨腥风的革命战争年代的一个又一个胜利所证明，自不待言。现在我们要讨论的是，在或大或小，或亲或疏的人群中，我和我们究竟是什么关系。

人是群居的动物，所以我必然生活在一群人之中，必然生活在无数个不同的"我们"之中，或近或远。不过，这个世界上的人群太多了，"我们"确实太多了，所以弄清楚我和我们究竟有着什么样的关系，并不会那么容易啊。

在我看来，我和我们的关系根据远近亲疏，根据相互之间影响的大小，大致可以分为五种：

（1）无我。一荣俱荣，一损俱损，不离不弃，生死与共。我们是我的一切。

（2）忘我。我上哪儿去了？在我们之中。我还在吗？快被我们遗忘了。为了我们，我愿意牺牲自己的一切，包括我。

（3）小我。我们给了我一个饭碗，我必有所放弃。小我，也就是弱化了我的江湖地位，主要为了实现我们的梦想。

（4）我还是原来的我。你是否记得，我的信息在你的手机中闪耀，在我们共同的微信群。即便群主颁布了微信群规，我们又能奈我何？即便是身处微信群中，我的江湖地位依旧，我还是原来的我。

（5）我是大爷谁理我。我们在哪里？在稍纵即逝的瞬间。我是谁？我是大爷。但在我们之中，有谁愿意多看我这个"大爷"一眼！

一定要好好解释一下，我和我们之间的这五种关系。

第一，先看无我。

一荣俱荣，一损俱损，不离不弃，生死与共。我们是我的一切。

尽管我们讨论的是人群中的我和我们的关系，但是以人体来作为例子说明无我问题，似乎更容易将关系说明白。于是乎，我们就来个不恰当却比较生动的比喻吧。

身体的各个器官都是一个个"我"。我是大脑，我是心脏，我是肝脏，我是角膜，我是手臂……但任何一个我都离不开我们，我们这整个身体。对于每一个我来说，无论是胃肠肝脾肾，还是眼耳口鼻舌，都没有退出机制。一荣俱荣，一损俱损，退出意味着"我"的生命的终结。

尽管高科技已经可以让手臂离开我们，让肝脏离开我们，乃至让心脏离开我们，但是，我们怎么舍得"我"走呢？并且，通常是，我们还在，离开我们的我早没了，除非高科技让我有机会回到我们这整个身体，或者有机会找到了新的我们。但是，角膜不敢斗胆离开我们，肝脏也不敢斗胆离开我们……除非，由于趋利避害的原因，我们为了趋利避害，我不得不走！试问，谁愿意让好好的胳膊离开我们呢？

在人体这个"我们"身上，每一个器官的意志被无限削弱，整个人的意志得到了无限弘扬。我们大脑的意志被充分强化，成为说一不二的老大，成为可以蛮不讲理的大独裁者。

我们人体的每一个器官虽然还保持着可怜的独立性，但是"我"却永远不想谋反，一旦外敌入侵，每一个"我"肯定全力以赴，"战死疆场"也难有降兵。这才是真正无可比拟的主人翁精神，每一个我，为了我们，真正做到了不惜牺牲一切！

真正地鞠躬尽瘁，死而后已！

这样想来，我们的大脑，也就是我们每个人真正的老大，真的应该珍惜这帮一辈子陪同我们度过风风雨雨的兄弟姐妹们，不应辜负他们时时刻刻的好意和奉献！

第二，接着看忘我。

我上哪儿去了？在"我们"之中。我还在吗？忘了。为了"我们"，我愿意牺牲自己的一切，包括我。

组织纪律严明的战斗部队，组织严密的党团组织，组织结构严密的黑社会组织，都是这种我和我们关系的典型：我还在，但是必须忘我，我和我们荣辱与共。

组织纪律严明的战斗部队是绝对的典型：一旦我们战败，每一个我都没有好日子过，不论是战死疆场，还是成为战俘，看看战争题材的影片和故事便知。在生死与共的我和我们之间，我常常会为了我们而奋不顾身，这多半不是因为我有无比伟大和崇高的精神追求，而是因为：我们没有了，我又能去哪里？

进入一个战斗部队之后，退出是很难的，除非正常的退伍。如果临阵脱逃，被枪毙是大概率事件。

一个部队的纪律性比一个普通公司的纪律性强得多，整个部队的意志会在每个士兵的身上得到非常充分的体现，尤其是身处战争之中。越是纪律严明、组织性强、战斗力强的战斗部队，就越难找到我，越难发现我的意志，我的牺牲就可能越大。

在中国社会各阶级的分析中，毛主席把我藏起来，这是根本原因。

第三，再看小我。

尽管从名分上看是小我，我的意志被削弱不少，但是，比起无我和忘我来说，小我中的我已经不小了，已经有了很强的独立性了。

在一个公司中，公司就是"我们"。"我们"给了我一个饭碗，我必有所放弃。小我，比较少地张扬自我，主要为了实现我们——公司的梦想。

小我，将我的一些权利让渡给我们，我和我的工作单位是这种关系的典型。一家公司，一支球队，一个班级，都可以归到此类。一个家庭，尤其是夫妻，达到忘我的境地也不易，主要还是小我吧。

比如一支球队，球队的每个我的利和害自然不同，无论是球员，还是队医、总经理、主教练，还是其他人，但是由于球队的组织性比较强，球队的整体利益就会被突出出来。"我们"常常免不了有违一部分"我"的意思，牺牲一部分"我"的利益，让一部分"我"的梦想成为泡影——比如某个"我"想成为球星的梦想。

"我们"是有组织的，有时候组织性还比较强。对于任何一个我来说，进入和退出我们这个组合体都会受到一定的限制，有时候相互间的影响还比较大，比如夫妻间的离婚。

第四，我还是原来的我。

随着我们中的"我"之间的关系越来越疏远，"我"之间的相互影响越来越小。以至于，即便是身处人群中，我几乎还是原来的我。

你是否记得，我的信息在你的手机中闪耀，在我们共同的微信群。即便群主颁布了微信群规，我们又能奈我何？离开了微信群，我还是原来的我。

无限流行的微信群是这种我们的典型，似乎有组织，但是相对松散。进进出出，几乎不设限。

一起乘坐一趟飞机的乘客们，尽管关系松散，但是大家共同乘机的那时那刻，绝对的生死与共。

比飞机上的乘客这种组合体松散得多的是同乘一辆公共汽车的乘客。和飞机上的乘客相比，公交车上的乘客每到一站就上上下下，每两站之间间隔的时间极短，更关键的是我们都身处熟悉的土地上，我们在一起的时间也短暂得多，公交车上也难以找到生死与共的感觉，所以共同的利和害绝少。不再那么的生死与共，进退也自如许多。

组合体越松散，一个理性的我越少关心我们，毕竟我们中的其他的"我"大多数是"我"生命中的匆匆过客。

第五，我是大爷谁理我。

我们在哪里？在稍纵即逝的瞬间。我是谁？我是大爷。但在"我们"之中，有谁愿意多看我一眼！

一过即散的组合体，稍纵即逝的"我们"。

当我在伟大祖国的天安门广场上感受伟大祖国的尊严时，我和周围走过的人群一瞬间成为这样一种我们。有时候，"我"们之间有一面之缘，比如我瞥了身边的一位帅哥美女一眼，组成了一个小小的"我们"，可惜瞬间帅哥美女就再也不见了，人群中的一眼就是我和这个帅哥美女这辈子的全部缘分了，小小的"我们"在一瞬间消失了。更多时候"我"们连一面之缘都没有。这样的我们对于我来说，几乎没有任何关系。一过即散的我们，几乎不能用我们来形容。这种我们无处不在，偶尔也会变成和我很有关系的我们。

知道了在自然界中，在人群之中，我和我们之间的几种关系，知道了在人群中我是谁，我们就知道了，一个利是谁的利，一个害是谁的害，谁在趋利，谁在避害。以后，当我们告诉我，我们一定要为共同的目标而奋斗的时候，我就可以想想，我们是谁，我和我们之间是什么关系，我就知道了，我们有没有忽悠我。

组合体——一个不得不说的秘密

茫茫宇宙中，有无限多个个体，有无限多个组合体。

最纯粹的个体有分子和原子这些几乎不可再分割的个体。我们肉眼能够分辨的个体更是稀松平常了，比如我们自己，比如一把椅子，比如一个杯子，比如一棵大树。

组合体好像是宇宙中绝大多数存在的基本存在方式，因为除了完全不可分割的个体，就是组合体了。分子不可分割吗？原子不可分割吗？人不可分割吗？如果有人嫌"人不可分割吗"这样说难听的话，我们可以这样说，分子是由原子组成的，原子是由原子核和核外电子组成的，人是由各种组织和器官组成的。

于是乎，当我们再说自己是一个人的时候，我们一定要知道，我们既是一个个体，也是一个无比高级的、精密的组合体。一个人的腿断了，那个人还活着，说明人是一个组合体；一个人的器官被移植了，人还是活着，说明人是一个组合体。我们总是认为我是一个个体，一群人才是一个组合体。其实，我们整个人就是一个组合体，我们看似无比尊重我们的器官和组织，其实常常无比妄自尊大，因为很少有人真正会在生活中足够关注自己的胃肠肝脾肾是怎么"想"的，足够关注各个组织器官的真正需要。

当我们倾心于整个组合体时，我们会很自然地漠视每个个体的利和害，尽力关注的是组合体的利和害。

如果我们是一个养鱼塘的主人，我们通常会将整个池塘的状况看成一个整体。如果池塘里有一条无关大局的鱼死了，而这条鱼的死对于池塘以及其他鱼都没有多大关系，我们就不会对这条鱼有太多的关注。

如果这条鱼的死会影响到这个鱼塘的环境，或者对其他鱼的死活造成了很大的影响，我们可能就不会任其漂浮了。我们一定会想方设法减少这种影响，甚至不惜一切代价。因为，我们关注整个鱼塘的利和害。

当我们倾心于组合体中的某个个体时，我们更加关注的是组合体中某个个体的利和害。

如果你的孩子在某个学校读高一，你自然会关注这个学校的整体学习成绩，但是你最关注的肯定是你孩子的成绩。开家长会的时候，校长和班主任老师反复强调整个校风正在朝着不理想的方向发展的时候，你可能在为自己孩子的成绩逐步提高而窃喜。而当校长和班主任为整个学校的校风好转而欣喜的时候，你可能正在为孩子成绩的剧烈下降而煎熬不已。

当你是一个球队的首席球星时，你更有可能希望球队能赢，因为球队的地位直接影响你的地位；而当你是一个球队的饮水机管理员时，球队的胜负不一定是你最关心的，你或许最关心你是否能上场，当球队主力接连受伤而球队老板和总经理都感到痛心疾首，你却可能因此而受益。悲亦或喜，只有你自己心里最清楚。

这个世界上，有太多的人，不知道是故意的，还是真的不知道，常常混淆了我和我们。于是，一个国家的目标变成了每个人的目标，一个国家的梦想变成了每个人的梦想，一个部队的目标变成了每个战士的目标，一个公司的十年规划成了每个员工的十年梦想。殊不知，国籍可以改变，部队可以解散，公司做不好会破产。这时候，这个国家的目标还是这个人的目标吗？失去了部队的士兵，目标在哪里？破产企业的员工，怎样重拾十年梦想？

不同的我，以及不同的我们，利不同，害亦不同。

如果连谁的利、谁的害都搞不清楚，被有些人蒙骗是免不了的了。还会导致什么其他问题，就要看各人的境地和造化了。

我们的利和我的利很难完全一致，即便是达到了无我的境界，也同样如此。

第二节　趋利避害，等级森严

石头也在趋利避害，你信吗？可笑吗？不要忘了，人类是从无机物一步步繁衍而来的。

无生命体：纯粹被动的趋利避害者

和朋友讨论，我说石头也会"趋利避害"，立即就被朋友耻笑了！

朋友说：石头如果会趋利避害，那我一脚踢向石头，石头会不会当即"惨叫一声"，会不会腾的一下飞身朝我砸来！

我也笑了！

是啊，我认为石头会趋利避害，无论我怎样鞭打石头，也难见石头的伤痕，也听不到石头的呻吟，更不会看到石头横飞过来，让我"惨叫一声"……

惠子几千年前就提醒我们："子非鱼，安知鱼之乐？"尽管我们可以效仿庄子，辩解道："子非我，安知我不知鱼之乐？"但是显然，在人类认识水平没有发展到一定阶段的时候，惠子的说法可能更有道理，庄子的说法更有点像狡辩。当我斗胆认为"趋利避害是世界万物的本性"时，惠子的警告振聋发聩！

我不是一颗顽石，却在大言不惭地说石头也是趋利避害的，心里的恐惧感真的不少。主张无生命的物体也是趋利避害的，确实会让人——曾经也让我自己——感觉是在白日做梦，痴人说梦。毕竟惠子和庄子谈论的还是活生生的鱼啊！

但我坚信我的假设——即便是一颗顽石，也是趋利避害的。只不过，顽石的利和害与水、细菌、大树、小花狗以及我们人类的利、害不尽相同而已。利不尽相同，害不尽相同，趋利避害的方式也各有千秋！正因为它是石头，它才不会当即"惨叫一声"，它才不会腾的一下飞身朝我砸来。因为石头有石头的利和害，石头有石头趋利避害的方式。

人和动物都想活，都想活得更好。植物"想"活，也"想"活得更好。一颗石头呢，仅仅存在而已。石头不仅不敢想，而且也不会想。对于一颗石头而言，持续的存在就是利，存在得不好或者不存在了，就是害。

我们以石头的主要成分——二氧化硅为例，来看看石头是怎样趋利避害的。

从化学性质上来说，二氧化硅的性质非常稳定。二氧化硅的化学式为 SiO_2，不溶于水，不溶于一般的酸，但溶于氢氟酸及热浓磷酸，能和熔融碱类起作用。

SiO_2 中 Si-O 键的键能很高，熔点、沸点较高（熔点 $1723℃$，沸点 $2230℃$）。所以，用物理的方法，很难让二氧化硅做出改变。从物理学的角度来说，二氧化硅可以很好地保证自己性状的稳定性。二氧化硅自然"无心"保持自己的状态，但是客观上却很好地保持着自己的状态。

这就是无生物趋利避害的基本特征——从来不"思"变与不变，任凭世间莫测变幻，我自岿然不动——"纯粹被动地"保持自己的状态！

无生物绝不"渴求"变化，它们也没有"刻意"保持不变，但是客观上，保持现有状态就是它们的倾向性。无生物们的"思想"很单纯：趋向于不变！

钻石恒久远，一颗永流传——这既是钻石的"核心目标"，也是世界上所有存在的"目标"。惰性越强的无生物，似乎离这样的目标就越近。

无意识的生命体：主动的趋利避害者

没有心动，难有行动，这是植物和动物的差距。

因为没有心动，难有行动，所以植物没有办法像动物自由行动，去"欺负"其他的动物，"欺负"各种植物。植物们只能在那一片或贫瘠，或肥沃的土地上，在那一片或辽阔，或狭小的水域中，寻求自己的生存空间。

作为生命家庭中的奠基性成员，植物虽然在动物面前有时自愧不如，但是和无生物比起来，植物的自豪感完全可以爆棚。

学过化学的人都知道催化剂。在化学反应里能改变反应物的化学反应速率（既能提高也能降低），而本身的质量和化学性质在化学反应前后都没有发生改变的物质叫催化剂。

在地球漫长的演变过程中，曾经搅了无数无生物天长地久美梦的催化剂，被慢慢地内置到了无生命的物质之中，变化于是成了一个存在体的常态，生命就诞生了。和无生物比起来，生命体最大的进步就在于将原本外在于存在体之外的催化剂内置到生命体之内，于是有了酶。酶成为生命体的一部分，于是活动和变化成为生命体的基本状态。

对于生命体来说，酶让生命主动绽放生命的光彩。外在的环境依然重要，但是生命已经不再像无生物一样，纯粹被动地和外界发生物理反应和化学反应了。而且，和无生物能够接触到的催化剂比起来，生命体中的酶通常也要高级得多。事实上，即使是最低级的生命体，它们的酶已经具备了我们人类大脑的重要特征——选择性。

无生物们没有选择性，只有倾向性；当无生物们进化到生命体时，就因为催化剂被内置到生命体中成了酶，因而有了生命体的基本特征：选择性。

因为有了酶，这个世界中的存在才算是真正有了目的，有了选择。有了选择，生命体开始主动找寻自由！

补充说明一下，同样是选择，有意识的选择和没有意识的选择差距巨大，这也是植物和动物以及人类的最大差别。

不过，根据科学家们的研究，植物应该说已经有了意识的前身了。

说到植物的意识，人们很容易想到含羞草和捕蝇草这些可以运动的植物。当我们轻轻触碰含羞草的叶子，含羞草的叶子便收拢起来。捕蝇草在昆虫进入它的笼型叶片时会迅速盖上叶盖，昆虫就成了为它提供营养的美食。这些反应可以算是由含羞草和捕蝇草的"意识"控制的吧。

美国《科学日报》报道，德国吉森大学和耶拿马克斯普朗克化学生态学研究所的科学家们发现，在不同的植物里存在新的电子信号形式。这种电子信号被称为"系统潜力"，它是在植物组织受到损伤时产生的，并且可以通过叶片进行传递。利用离子选择性微电极可以测量出这种植物电子信号在叶片间的活动情况。信号是以细胞膜的电压改变来进行扩散的，速度可从5厘米/分钟达到10厘米/分钟。正是这些信息的传递，促使植物在有了伤口以后，也会自动愈合，达到保护自己的目的。对于不会运动的植物来说，这些信号传递可以算是意识的前身吧。

对于生命体来说，还有一个无比重大的问题要解决，如果"我"死了，生命就此终结，一种生命体也就此终结，那真算是"生不如死"了——生物还不如无生物了。费了那么大的"力气"活了，好不容易从无生物进化而来，活着活着就死了，一个物种就结束了，岂不真是"生不如死"？这种死法，也太过于惨烈啦。

神奇的遗传让物种保持着非常强的稳定性，这就是生命体的代际传承，以此来达到生命体特有的、较为"永恒"的状态。例如细菌，其自然突变率通常是十万分之一，这就充分保证了细菌的代际稳定性。

虽然每一个生命体都希望代际传承一直这样稳定地延续下去，但是，错综复杂的环境却不允许这种情况总是发生。例如，当两种性状不同的细菌结合起来，一种细菌的遗传物质进入到另一种细菌体内，使细菌结合体的DNA发生了部分改变，这种细菌结合体在分裂繁殖时就形成了性状不同的后代。这种性状不同的后代是"我们"（组合体）的后代，而不是"我"（单个细菌）的后代。对于原来的细菌来说，自然是被改变了。但是对于新物种来说，这是自然界中生命体向高级发展的一种模式。各种物质间、生命体间的矛盾运动——也就是各种组合体之间的相互作用——总会有机会让生命体向更加高级的方向发展。

组合体内的各种利和害的冲突和这些冲突的各种解决方式，促成了无生物和生命体向各种方向进化发展。

有意识的生命体：有意识的趋利避害者

一只饿急了的小鹿见到绿油油的草地应该会很开心的。绿油油的小草对于小鹿来说，利莫大焉。如果小鹿感觉到前方有绿油油的嫩草时，一定会快速奔跑过去。嫩草是小鹿的利之所在，想去吃草自然就可以称为"趋利"。

还是同样一只小鹿，感觉到前方有绿油油的嫩草时，正飞奔过去，已经看到绿油油的嫩草时，突然间发现了就在这片嫩嫩的草地上，有只瘪着肚子的狼，无力地向四周张望。小鹿有意识地掉头就跑，而不是继续向前跑，准备吃嫩草。为什么？不需要理性分析，我们就可以得出结论。如果小鹿被狼吃掉，生命就将终结，所以被狼吃掉乃是小鹿最大之害，一旦出现最坏结果，一切将无法挽回。饿着肚子自然想吃嫩草，即使不嫩也可以，这自然是"趋利"。但是，如果现在忍着不由"趋利"走向得利，将来依然有机会完成趋利并得利的梦想。利和害同在的情况下，小鹿有意识地选择完成"避害"的行为，压制"趋利"的行为，从而保存自己。小鹿的行为并非与趋利避害的万物本性相矛盾，而是有意识的趋利避害的生动体现：吃不着嫩草是害，死亡是害，两害同在取其轻！

和小鹿一样，所有的动物都可以对环境做出反应并可以有身体移动，可以捕食其他生物。所有的动物都像小鹿一样，可以做到有意识的趋利避害。

猪，即便是笨猪，也可以。

话说猪圈里有两头猪，一只大猪，一只小猪，素昧平生。

为了让猪不仅肥，而且肉劲道，猪主人决定让两只猪经常锻炼身体，提高猪肉质量。猪主人将猪食槽安装在猪圈一头，将取食踏板安装在猪圈另一头。踏板踏开，食物自来。猪主人将两头猪的一顿饭控制在10斤的定量，每踏一次踏板后3分钟才能再踏一次。大猪踏一次踏板，会有5斤猪食放出来；小猪踏一次踏板，只会有2斤猪食放出来。大猪每分钟可以吃2斤猪食，小猪每分钟可以吃1斤猪食。大猪和小猪从踏板旁边走到猪食槽都需要半分钟时间。

　　猪主人有意让两只猪锻炼身体，但两只猪不这么想，不然懒猪的荣誉称号就花落别家了。那么，到底是大懒猪勤奋，还是小懒猪懒呢？小懒猪激情高，少些城府，肚子饿得快，好奇心充沛，所以踏踏板的事情小懒猪先做了。

　　激情归激情，饱肚子才最重要。等小猪踏过踏板走到猪食槽时，静候的大猪早就吃掉了1斤猪食，还剩1斤猪食等着大懒猪和小懒猪拼抢。最后的结果很显然，大猪差不多吃到一又三分之二斤猪食，小猪最多只能吃到三分之一斤猪食。如果小猪一直保持踏踏板的激情，大猪一顿可以吃到八又三分之一斤猪食，小猪只吃到一又三分之二斤猪食。

　　猪其实不笨。小猪很快明白了，生意没法这么做下去。小猪经过长考，思想逐渐成熟，也找到了第二套方案：等大猪。

		小　猪	
		踏踏板	等　待
大　猪	踏踏板	六又三分之二斤,三又三分之一	6斤,4斤
	等　待	八又三分之一斤,一又三分之二斤	0,0

这样，大猪每次吃6斤猪食，小猪吃4斤猪食。大猪的不满写满猪脸，却没有选择。小猪曾经沧海，不做"傻事"了。

还有两种可能。一是猪性变了，两只猪都去踏踏板。如果真是这样了，太阳升起的地方也就变了。到目前为止，科学家没有提供任何数据支持猪脑可以达到如此境界：勤奋朴实，互帮互助！二是大猪小猪都不去踏踏板。这也是不可能的。试问，贪吃的猪会活活让自己饿死吗？

所以，四种理论上的可能性，猪只选一种：大猪"顾全大局"，小猪占尽便宜。

这就是智猪博弈！

大猪所为，身不由己。

小猪所为，就是"搭便车"。

无论是身不由己，还是搭便车，都是有意识的趋利避害。因为大猪的选择是大猪经过理性权衡之后的唯一选择。小猪有其他选择，但是搭便车是它的最优选择，也是现实的选择。你想，有便车不搭，不被人骂成蠢猪了吗？

动物万千种，他们趋利避害的本性也不是铁板一块，在水平上有很大的差异。总体上来说，低等动物的趋利避害的水平普遍较低，有的最低等动物甚至比植物的趋利避害水平高不了多少；比较高等的动物——尤其是黑猩猩这样的动物——不仅仅有本能的趋利避害的能力，甚至会在一些情况下，超越本能，制造工具并创造性地利用工具解决问题。这些最高等的动物，只差了那么一点点，就成了人了。

趋利避害，"等级"森严

所有的利，都是"存在"，都是"好状态"，至少是我们认为的"好状态"；所有的害都是"不存在"，都是"不好的状态"，至少是我们认为的"不好的状态"。更准确地说，趋利避害的"利"是指万事万物和各种组合体的"存在"和存在的"好状态"，趋利避害的"害"应当是指万事万物和各种组合体的"存在"的被否定以及存在的"好状态"的被否定。也就是说，万事万物和各种组合体都"希望"持续存在，乃至以很好的状态存在；万事万物和各种组合体都"不希望"存在的状态结束，连状态变差都"不希望"！

茫茫宇宙，大千世界，趋利避害的方式和种类不胜枚举。非要分门别类的话，不妨分成以下四类：

第一类，纯粹被动的趋利避害。这是无生物的本性。即便不说无生物逆来顺受，但也差不多了。

第二类，主动的趋利避害。这是植物的本性。植物没有心动，难有行动，但是这并不妨碍植物成为一个主动者。植物们并不会在静默中爆发，只是在静默中出生，在静默中绽放生命的光华，在静默中离开这个美丽的世界。但是，静默并不是逆来顺受，植物们自有自己的"追求"：植物们让整个世界充满生机和色彩！

第三类，有意识的趋利避害。这是动物们的本性。动物们有意识，有行动，没思想。即使动物们面前有了纸和笔，也不指望它们能写出什么心得。但是，最高等的动物，离我们人类，其实就差了当初的那么一小步。历史永远都是必然和偶然的结合和定格。

继续走下去的，是我们人类。于是就有了第四类，也是最高级的趋利避害的方式：创造性的趋利避害。生命的复制性和继承性，让人类有了一代代的时间来创造，于是就有了今天，和即将到来的明天。

还要申明三点：

第一点，常常"事与愿违"。因为大千世界的各种存在绝对不会总帮助我们人类实现我们的"愿"。即便是我们人类自己，也因为同时有很多相同或者类似的"愿"之间会需要稀缺资源来满足，资源冲突不可避免，结果人生不如意十之八九的事情就会发生了。"事与愿违"不见得是坏事，因为如果有人大喝一声"我要和整个世界一同毁灭"都能如愿的话，我们就全完蛋了！

第二点，江山易改，趋利避害的本性不移。各种类型、不同级别的趋利避害方式在相同的以及不同的存在上发挥着单独的或者组合的作用，就促使着我们这个看似熟悉的世界在不停地保持着某种状态，同时也不停地变化着，不停地发展着。

第三点，高级的趋利避害者具有一切更低级的趋利避害者的趋利避害方式，只不过主流的趋利避害的方式已变。比如，人具有一切趋利避害的方式。

（1）纯粹被动的趋利避害。人能够像一切无生物一样，具备无意识的、无机性的趋利避害的形式。例如，当一个人受到撞击或者一种推力的时候，人必然会后退，以保护人的存在。

（2）很多事情，我们似乎从来没有管过，但是照样正常进行。比如，和动植物一样，人的有机体会自动止血。这种趋利避害是主动的，却是无意识的。

（3）人也会像动物一样进行有意识的反应。如果一个人看到自己将会同时受到两方面来的力量的夹击时，人超越植物和无生物的做法是人可以"三十六计走为上"。

（4）最高级的一种趋利避害的形式，是人类所独有的创造性的趋利避害。

趋利避害是世界万物的本性：同一个世界，同一个基因。世界万物又生而不平等：趋利避害，等级森严。

第三节　人性：创造性的趋利避害

创造性的趋利避害是人类的基本特征。创造性是人类的真正标签。

便宜快来

我们不喜欢南郭先生，将南郭先生作为滥竽充数的权威代言人。我们何曾想过，包括南郭先生在内的三百吹竽人之中，难道就只有南郭先生一人在滥竽充数吗？

有科学家做过试验，证明人人都有当南郭先生的充分"潜质"，关键看条件是否允许。

这是一个非常简单的拉绳试验。

被试者被分为2人组、3人组和8人组。试验要求每一组的任何成员都应当全力拉绳。接下来，被试者被要求独自全力拉绳。无论是分组拉绳还是独自拉绳，研究者们都会采用灵敏度非常高的测力器精确测量每一组被试者共同拉绳时以及每一个被试者独立拉绳时的拉力，并进行比较。

经过测量和比较，发现了"1+1<2"的结果：2人组的拉力只是这两个人独立拉绳时拉力总和的95％；3人组的拉力只是这三个人独立拉绳时拉力总和的85％；8人组的拉力降到了

这八个人独立拉绳时拉力总和的49%。

拉绳试验最精妙的地方在于，通过精密仪器的测量，我们知道每个人到底花了多大的力气在分组拉绳上。由于在试验的设置上有着精心安排，所以能够比较好地避免由于技术层面上的原因导致的被试者无法尽力的情况发生。这样，我们就可以做出判断："1+1<2"，因为有人在偷懒。

管理大师德鲁克举过一个案例，也是我们小时候常常会碰到的低年级数学题："两个人挖一条水沟要用两天时间；如果四个人合作，要用多少天完成？"小学生们的标准答案是"一天"。但是，德鲁克说，在实际过程中，有可能是一天完成，也有可能是四天完成，还有可能是永远完不成。

中国有个古话："一个和尚挑水喝，两个和尚抬水喝，三个和尚没水喝！"猪都不会让自己饿死，和尚自然再傻也不至于傻到没水喝渴死的地步！问题就在这里了，不挖水渠不至于死，所以永远挖不成一条水渠是完全可能的。

占便宜，人性使然。且不论道德，且不论对错。

坏事走开

2011年10月13日，在中国最繁荣的省份广东，富裕的南方城市佛山，两岁女孩小悦悦惨遭碾压，七分钟内，十八名路人见死不救，满街商铺冷漠无情，这就是震惊中外的广州佛山南海黄岐广佛五金城碾压女孩小悦悦事件。时间一分钟一分钟过去，小悦悦一步一步走向死神。最后，尽管有拾荒阿姨陈贤妹上前施以援手，但是，2011年10月21日，小悦悦经医院全力抢救无效，在零时32分离世。2011年10月23日，广东佛山

280名市民聚集在事发地点悼念"小悦悦",宣誓"不做冷漠佛山人"。

我们对佛山市民这种宣誓表示充分的、毫无保留的尊敬！但是，宣誓可以改变人性吗？美国总统就职时也会宣誓，但是就职以后发生的事实和宣誓之间到底会有多大的差距，历史在不停地告诉我们答案。

"小悦悦事件"古今中外都有，并没有随着时代的变迁和文明的发展而消失。为什么会这样？我们需要看看旁观者效应。

旁观者效应是由约翰·达尔莱（John Darley）和比伯·莱特恩（Bibb Latane）首先在实验室进行研究的，是指一个个体在单独完成任务时，责任感会比较强；如果一个群体完成某个任务，群体中每一个成员的责任感就会减弱，甚至减弱很多。从某个角度来说，旁观者效应和拉绳试验反映的问题是一样的。

让我们回顾历史，看看1964年3月发生在美国纽约昆士镇克尤公园的一起震惊全美国的谋杀案。这起谋杀案的备受关注与谋杀原因、谋杀者以及谋杀手段都没有关系，使这起谋杀案成为新闻焦点的原因在于这起谋杀共计用了半个小时的时间，有很多人可以出手相助，但他们却一直没有这么做，直到格罗维斯被刺死，就像小悦悦一步步走向死亡一样。最不可思议的是，在整个过程中，竟然没有一个人报警。

事后，有两位年轻的心理学家巴利和拉塔内进行了如下试验：这两位心理学家安排了72名不明真相的被试者分别以一对一和四对一的方式和一个假装的癫痫症患者保持距离，并利用对讲机通话。两位心理学家研究在交谈过程中，当假病人大呼救命时，72名不明真相的被试者所做出的选择。研究数据显示：在一对一通话的那些组，有85%的人冲出工作间去报告有人发病；而在四对一的一组中，当四个人同时听到假病人呼救时，只有31%的人采取了行动。

两位心理学家对纽约克尤公园谋杀案没有人见义勇为甚至都没有报警的现象进行了令人信服的解释，并概括为"旁观者介入紧急事态的社会抑制"，简单地说就是"旁观者效应"。由于有其他人在场，就使得一些人的责任感降低，最终成为袖手旁观的看客。

每个人都厌倦有害的东西，危险的东西。必须直面时，我们别无选择。当我们可以逃避或者退缩时，人性让无数人作出了人性的选择。

谁人不势利？

我们痛恨势利小人。

如果我们明明知道，整天跟着太阳走的向日葵是"势利"（小）花，丛林中日夜期盼出头之日的嫩草是"势利"（小）草，我们有什么理由否认我们都是"势利"（小）人呢？

从道德层面上讨论，势利小人私心非常重，在名利地位的驱使下，卑躬屈膝，攀附权贵，见钱眼开，为我们所不齿。

如果我们豁达地抛弃我们最擅长的道德评价，从更广阔的视角来考虑势利问题的时候，我们会发现，这个世界上根本不存在不势利的人。

我们通常认为的势利小人主要是指着迷于金钱和权势、为了金钱和权势又不择手段的小人。然而，对于金钱和权势一直不感兴趣的人究竟又有几个呢？即便是有个别人看起来不缺钱、不缺权势，让他们不对金钱和权势感兴趣也很难。

常识最大的错误在于，人们势利的对象似乎只有金钱和权势。

如果仅仅将势利的对象限制在金钱和权势上，对那些见钱眼开、视权如命的人并不公平。

有的人对金钱感兴趣，有的人希望成名成家，有的人酷爱艺术，有些人对人们之间的感情高度关注，有的人对自己的信仰无限尊重……于是乎，对金钱感兴趣的人天天围着钱转，围着别人的钱包转，围着有钱人转；希望成名成家的人天天期望着和那些可能让他成名成家的人在一起，期望着和那些业内大腕儿们待在一起；酷爱艺术的人总是希望自己能够结识世界上最好的艺术家，世界上最好的艺术老师，即便是为他们做牛做马也心甘情愿……

请问，谁人不势利？

谁说一份感情一定就比10克金子更高级，谁说某种信仰一定就比金钱或者感情更值得尊重？谁能否认优秀的艺术作品其实就是金钱的亲兄弟、亲姐妹呢？

如果我们愿意暂时地离开道德制高点，以一个豁达的心态来看待所有人的趋利避害的行为，或许我们就不愿意再随便说这个人势利，那个人势利了。

当然，一个势利之人，是不是同时也是个势利小人，在崇尚道德评价的国人看来，永远是话题。

创造者

人类"蜗居"在银河系的一个小小角落——太阳系里。在这个小角落里，在我们人类奉之为神灵的太阳周围，围绕着几颗行星，其中最璀璨的一颗，就是我们人类称之为伟大母亲的地球。

我们人类在伟大的母亲怀中、伟大的妈妈身边生活了太久太久，在这个小小的星球上建立了两百多个不同的行政区域。这其中的绝大多数，我们叫国家。

或许，因为在家里待得太久了，我们渴望去远方，渴望外面更精彩的世界。

可是，面对宽广的宇宙，我们一片迷茫，正如很多很多年前，在我们人类的童年时，即便我们是待在母亲怀中，妈妈身旁，我们也同样无比迷茫一样。

我们怀揣着永恒的梦想，在学习中不断进步，在进步中不断学习，创造出一个又一个连我们自己都无法相信的先进工具。然而，所有这些工具都无法真正地将我们带向远方，直到有一天，我们人类创造出了第一个会思考的机器人！

自此以后，在这些会思考的机器人的帮助下，人类迅速掌握了改造外星球的技术，如同曾经的我们在地球上的殖民运动一样，我们人类又开启了无限恢宏的星际殖民运动。我们人类在银河系迅速地繁衍扩张，带着我们永不磨灭的愚昧与智慧、贪婪与良知，登上了一个个曾经荒凉如大漠般的星球，并让天苍苍、野茫茫的银河系卷入了漫长的星际战国时代，直至整个银河被统一。

一个统治超过2500万个住人行星、疆域横跨十万光年、总计数兆亿人口的庞大帝国——银河帝国——崛起了！

这是童话？神话？还是笑话？

如果你认为这是笑话，抑或是童话，那就请你想一想，还在我们人类的童年，我们曾经讲过多少个童话、多少个神话、多少个笑话，如今，有多少已经成了现实！不要去说"两岸猿声啼不住，轻舟已过万重山"，不要去说嫦娥奔月，不要去说可视电话……

如果时间可以折叠，现实就是梦想！

这就是人类，一直怀揣着梦想的人类，充满无限创造力的人类。

制造工具，是人类的最大才华；创造力，是人类最大的本钱。这些都源于：创造性的趋利避害，我们人类的本性！

正是这样的本性，让我们人类将我们曾经的动物界的"兄弟姐妹们"越甩越远，当这些兄弟姐妹们依然在原地沉稳地踏步走的时候，我们以及我们创造的机器人早已坐上了我们自己创造出来的火箭和其他各种越来越高级的太空飞行器，驶向遥远和未来！而他们，我们的动物兄弟姐妹们，永远生活在母亲的身旁，翘首期盼我们多回故乡，多看望他们，也携着宇宙中的神奇！

艾萨克·阿西莫夫，被全世界的读者誉为"神一样的人"，用他无限的想象力和创造力，为我们创造了《银河帝国》。美国政府授予他"国家的资源与自然的奇迹"这个独一无二的称号，以表彰他在"拓展人类想象力"上做出的杰出贡献。

可是，谁又知道，多少年之后，艾萨克·阿西莫夫想象的场景是否还是想象，还是已经变成了现实？

还是让我们回到伟大母亲的怀抱，回到伟大的妈妈的身边，看看曾经情同手足的"兄弟姐妹们"吧。

动物们的创造力极限

动物中有咱的亲兄弟姐妹。如果做个DNA鉴定，结果很可能是，黑猩猩是我们一母所生的亲兄弟姐妹，只是略黑点儿。

我们这个亲兄弟姐妹不仅和其他动物一样，都可以熟练自如地做到有意识的趋利避害，甚至可以在某些情况下超越绝大多数动物，制造工具并创造性地利用工具趋利避害。

科学家们曾多次观测到野生黑猩猩使用工具的例子。在刚果的国家动物园里，研究人员们观察到，一只名为"利亚"的雌性黑猩猩在奔向它的幼仔时，发现路上有个大象踩踏留下的泥潭。"利亚"先是试图蹚过这个泥潭，但它走了几步却突然发现，泥浆已没过自己的腰。于是，"利亚"先退出泥潭，从附近的一棵枯树上掰下一根树枝，然后用树枝探测一下泥潭的深度，发现没什么危险后才蹚过泥潭。另外一只名为"艾菲"的雌性黑猩猩更机灵。它在挖掘野草时，折断了一根分叉的树枝来当作自己的"拐杖"；用一只手拄"杖"而另一只手来挖野草。此后，它还把这根树枝放在有泥浆的路面上当作"桥"让自己通过。

还可以看看这些黑"亲戚"的群居"关系学"！

黑猩猩都有权力欲。雄性黑猩猩长大后，都想当领袖，希望控制别人。通过激烈的战斗，身强力壮者最终可能如愿以偿。胜者昂首挺胸，趾高气扬；败者垂头丧气，灰头土脸。而且，黑猩猩一般对领袖也比较尊重和顺从，等级观念已经体现得非常清晰。

黑猩猩办事很会讲策略。黑猩猩会与别的黑猩猩结成同盟以战胜竞争对手。研究者曾观察到，一个做了多年首领的黑猩猩被一个年轻的对手赶下了权力的宝座，但它却与另一个强大的黑猩猩结成同盟，杀了一个漂亮的回马枪，推翻了那个对手，重新掌了权。很多人认为只有人类才会表里不一，黑猩猩其实也会玩这一招。例如，当黑猩猩企图推翻现"政权"的时候，它会大玩障眼法，明里对当权者百依百顺，恭敬有加；暗里却联络同党，图谋不轨。

世界真的是普遍联系的。人由高等灵长目动物进化而来，因此绝对不能低估这些黑猩猩"亲戚们"的实力。追忆往昔，或许黑猩猩在预赛中曾经多次战胜过类人猿，只是在决赛中一时失手，掉了链子，最终让类人猿胜出，终于酿就了千古"冤案"，成就了人类不间断的神奇！

既生瑜，何生亮？

毕竟，再高级的动物也不是人。对于野生猩猩来说，似乎永远也不会制作切削工具。有科学家表示，现在任何一处坚果切割处都能找到类似锤子的切割工具，但从没看到猩猩能使用其中任何一样工具。换句话说，除了人类以外，黑猩猩这些最高等的动物尽管也会在一些时候超越其本能，有时甚至能够通过伪装自己达到趋利避害的目的，但是，有意识的趋利避害，而不是创造性的趋利避害，才是动物们趋利避害的基本特点。

人类则不同，创造性已经成为人类的标识，创造性的趋利避害已经成为人类的本性。

越走越快，越走越远，只要人类还存在，人类的创造性，就没有边界。

创造性的趋利避害，是人类社会不断地从文明走向新的文明的根本原因。

第四节 江山常改，趋利避害的本性不移

人有千万种，人的一生也如沧海桑田般变化不断。江山常改，人类创造性的趋利避害的本性从未改变。

原副"掌门人"的坠落

2002年12月起，黄松有就任最高人民法院副院长，副掌门。

2008年10月28日，黄松有被"双规"的消息传出。

最终，黄松有终审被判无期徒刑。

黄松有落马和广州的中诚广场直接相关。曾因时间拖得长、牵涉面广、涉及资金多、"复活"历程曲折的"中国第一烂尾楼"竟被两家刚刚成立并且名不见经传的公司竞拍成功。这两家公司联手以9.24亿元人民币的低价收购了"第一烂尾楼"，然后迅速出手转卖，售价高达13亿多元，瞬间净赚了4亿多元。故事情节"离奇"，无论是专业人士还是普通百姓，都"不得不"感到这次拍卖活动存在很多蹊跷之处。

当广东省高级人民法院原执行局局长杨贤才被双规后，深藏幕后的黄松有也浮出了水面。法院经审理查明，2005年至2008年间，黄松有利用担任最高人民法院副院长的职务便

利，在有关案件的审判、执行等方面为广东法制盛邦律师事务所律师陈卓伦等五人谋取利益，先后收受上述人员钱款共计折合人民币390万余元。此外，黄松有还于1997年利用担任广东省湛江市中级人民法院院长的职务便利，伙同他人骗取本单位公款人民币308万元，其个人从中分得120万元。

2010年1月19日，河北省廊坊市中级人民法院认定黄松有犯受贿罪和贪污罪，判处无期徒刑。随后，河北省高级人民法院终审维持原判。

新中国成立以来，落马的最高级别司法官员黄松有的下半生或可能一直身陷囹圄之中。

1957年，黄松有出生在汕头市澄海区莲上镇兰苑村的一座旧祠堂里。农家娃娃黄松有凭借自身努力，跻身于被誉为"光荣与梦想"的西南政法学院1978级，成功之路拾阶而上，荣升最高人民法院副院长，终又在盛年坠入沉沦末路。

有记者采访了黄松有中学时的老师和昔日同窗，回顾他的前半生。大家对这样的结局均叹息不解！

高中语文老师周希宪对黄松有的印象是：品学兼优。

周希宪回忆说，高中时代的黄松有"勤学苦练，博览群书"，"谦逊、踏实而富有活力"。全国恢复高考后，黄松有挑灯夜读，紧张备考，1978年以优异成绩被西南政法学院（后更名为西南政法大学）法律系录取，从此与法律结缘。

大学同窗有人评价：为人不张扬，文艺方面活跃。

大学同级同学彭澎证实了黄松有的贫困和刻苦。黄松有给他的第一印象是，"来自不太富裕的地方"。第二印象是，黄松有几乎每天中午总是要用废报纸练习毛笔字。第三个印象是，黄松有后来成了全校知名的歌星。

广东律师丛伟华同是黄松有的大学同窗。他评价黄"虽然文艺方面很活跃，但他为人并不张扬，比较收敛"。即便是毕业后，黄松有升迁很快，但他看起来并不特别。

1982年，黄松有从西南政法学院毕业，进入广东省高级人民法院工作。1997年，黄松有调任湛江市中级人民法院院长。在湛江期间，他组织审理震惊中外的"9898"湛江走私案，因出色完成审判任务，获得广东省高级人民法院授予的个人二等功表彰。

1999年，凭借在广东的成就，黄松有离开妻儿来到北京，走进最高人民法院的大门。深厚的理论功底和多年的司法实践经验，使他在北京的表现同样出色，并于2002年12月升任最高人民法院副院长，分管民事审判和执行工作。

"转战"北京的黄松有，曾因在全国力推执行威慑机制而备受媒体追捧。此外，他健谈、开朗的性格以及对法律业务的深入思考，也给很多记者留下了深刻印象。同时，他在工作之余笔耕不辍，发表了数十篇论文和多部专著。他还是清华大学、西南政法大学、中国政法大学、国家法官学院等高校的兼职教授。在被"双规"之前，黄松有应该算是一位出色的"学者型"官员。

黄松有对其在学术领域的研究也颇为自信。他在自己的博士论文结语中谈到民事审判权的研究现状和研究难度时，自称其"作为最高司法机关民事审判工作的一只小'领头羊'，对此似乎责无旁贷"。

颇具讽刺意味的是，黄松有在他的博士论文中专门列出两个小章节，分别讲述"保持清正廉洁"和"加强自身修养"。黄松有在论文中写道，"法官穿上了法袍，就不再是一个普通的人……应尽可能与其他社会成员保持一定和适度的距离"。

尽管深知法官应耐得住寂寞,黄松有却没能把持住自己,最终从一个学者型的大法官坠落成为一个耻辱的大贪官。

兵败如山倒,墙倒众人推!有报道称,黄松有还"对未成年少女特别有兴趣",司法界人士称其为"性贪"。

江山常改,本性不移

黄松有本是个"好孩子""好学生""好法官""学者型的大法官",后来变成了一个"坏人"、一个"耻辱的大贪官"。

黄松有变了吗?变坏了吗?

绝对不能说黄松有没有变!

黄松有的身份变了,从小孩子变成了学生,从中学生变成了大学生,从书记员变成了法官,从普通法官变成了让人们景仰的大法官、最高人民法院的副院长,终又身陷囹圄,变成人所不齿的阶下囚。

黄松有的学识水平也在不断变化着,从一个几无法律专业知识的高中生变成了一个有一定法律基础的法学人才,从一个普通的法律工作者成长为知识渊博、阅历丰富的法学博士、顶级法律专家。

黄松有的身高变了,长相变了,性格脾气秉性也都在不断变化。

那么,黄松有的人性变了吗?

先从最八卦的事情说起吧。

有报道称,黄松有对未成年少女特别有兴趣。按照我的庸俗甚至有些下流的理解,"特别有兴趣"可以从"性"和

"美"等角度来理解。

对少女"特别有兴趣"是人性使然，爱美之心，人皆有之。黄松有是人，就必然爱美。黄松有如果在审美、情感和性取向上和我等普通人差别不大，那么黄松有在年少时就应该对少女有"特别的兴趣"。当黄松有一天天长大，一天天变老时，如果有美女站在他的面前，一个正常的男人难免有"非分之想"，"有兴趣"或者"特别有兴趣"究竟有多么大的不正常呢？

当然，黄松有已婚，如果对少女"特别有兴趣"，甚至对极其幼小的少女"特别有兴趣"，并且有不妥当的行动，那就既可能有道德上的问题，也可能有法律上的问题。然而，一棍子打死对少女的兴趣，除了显示出强烈的正义感，还能显示出对人性的蔑视，以及道貌岸然的品格。

黄松有由一个"好人"变成一个"坏人"的过程中，"性取向"方面发生什么变化了吗？结合各种媒体报道，再主观臆测一下，应该没有什么太大的不同：少年的时候，黄松有爱少女；到了中年，依然爱少女！在狱中，黄松有想来也依然爱少女，只是，机会匮乏而已！

不禁感叹，同样是看美女，男艺术家对美女"特别有兴趣"，通常能享受高规格的评价，到了坠落的黄松有这里，待遇竟然如此不同！同为男人，差异一至于此！

聊完八卦，说正经一些的吧。

黄松有在年少时似乎并不贪财，至少没人认为他十分贪财。但是身居高位之后，这种爱财、贪财的思想慢慢表现了出来。黄松有真的是由不爱财变成了贪财吗？由此引申，黄松有的人性变了吗？

首先，黄松有真的是从不爱财变成爱财了吗？

黄松有上学期间可能真的不爱财，更可能是没法爱财。中国人历来讲究"书中自有颜如玉，书中自有黄金屋"，"万般皆下品，惟有读书高"。在学习期间，品学兼优的学生通常会享受高规格的"待遇"。这也是中国学生们的大"利"之所在。钱和读书期间的中国小孩子关系不大，尤其是在均贫富的年代里，所以黄松有在读书期间不看重钱财完全是有可能的。

　　另外，一个孩子本没有多少机会获得多少钱财，更不用说获得贪污受贿的机会。穷家子弟黄松有就是天天将自家的大门敞开，将门口铺条好路，求别人来行贿，也可能八竿子打不着人的，哪有权力来寻租？《菜根谭》上讲，"欲做精金美玉的人品，定从烈火中煅来；思立掀天揭地的事功，须向薄冰上履过"。没有烈火中锻炼过来，怎么去评判一个人的人品呢？纵使黄松有年少爱财，财在哪里，机会在哪里？于是乎黄松有看起来也就是不爱财的样子了。

　　如果有几十万、几百万元大钞摆在作为学生的黄松有的面前，谁能够确定黄松有不会放弃艰辛的刻苦学习而全力为几十万、几百万元大钞奋斗乃至犯罪呢？其实在上世纪的七八十年代，不用几十万、几百万元，几万元甚至几千元就足以让无数人低下高贵的头颅！假设上学期间，黄松有就手握重权，或许几十年前黄松有就被判刑了！

　　到了真正手握重权时，黄松有可以通过勤奋学习来获得的利益显然很不重要了，没有多大意义了。运用手中的权力来获得利益，既可以获得大得多得多的利益，还不用费多大的力气。监督之力薄弱，侥幸之心常在！何乐而不为？如果不是如此高大上的"中国第一烂尾楼"，黄松有想必不会被拉下马来的。

　　江山常改，本性决然不移！

黄松有之所以会成为大贪官，有可能是主动而为，财迷心窍，利欲熏心；有可能是人在江湖，身不由己。和所有的人一样，黄松有对利益的创造性的追求是永恒的。但是，在当前的社会体制下，黄松有比的贪官倒霉，被抓了。就是这样！制度上的缺陷导致了对黄松有的监督的缺乏或者无力，由此纵容了黄松有的侥幸心理，他也没有跳出恢恢法网，没有逃脱法律的制裁。

黄松有无论做什么事情，一定都是创造性的趋利避害的。因为不同时期黄松有的需要不同，利益取向也就不完全一致，所以让我们感觉到似乎这个人完全变了。其实黄松有确实有变化，因为人的一生总是不断变化的，但是作为一个人，他做的任何事情，一定和他的利益休戚相关，都是趋利避害的，无论他是一个民主社会的领袖，还是一个独裁者，无论他是一个小孩子，还是一个耄耋老者。换句话说，假设黄松有一生清廉，他的作为人的本性是不变的；黄松有成为大贪官，他的作为人的本性还是如此！

江山常改，创造性的趋利避害——人的终极本性——坚持不变！

勘破红尘，直指人心，既是学问，也是艺术。

变化的是我们看到的一切，不变的是或显或隐的人性：创造性的趋利避害。

第五节　不想好，还是想好好不了

没有不想好的，总有好不了的。想好好不了的，不是不想好，不是趋害避利。

想好，但不知如何是好

富人意外捡到100块钱时没啥感觉，穷儿响叮当的人意外捡到100块钱时却兴高采烈。瑞士数学家丹尼尔·伯努利因此得出结论：产生满足感的金钱数量取决于一个人的经济地位。

德国生理学家韦伯深受启发，他在19世纪初连续做了一系列实验，来测量人们的感觉，探索人类感觉的极限。

韦伯让一根涂了碳粉的缝衣针垂直降落到一位年轻人的裸背上，背上留下了一个小黑点。韦伯让年轻人指出小黑点的位置，结果与实际位置相差好几厘米远。韦伯又分别在年轻人的背部、胸脯、肩膀胳膊和脸部反复做实验，并将黑点的实际位置和年轻人所指位置之间的距离记录了下来。

韦伯将一支圆规撑开，使两只脚均匀接触一位蒙着眼睛的年轻人的身体。当圆规的两只脚张得很开的时候，年轻人可以感觉到两个点的存在。当圆规的两只脚越来越近的时候，年轻人就越来越搞不清楚，到底是一只脚，还是两只脚碰到皮肤了。两只脚继续移动，继续靠近，到达一个临界距离时，年轻人确信只有一只脚碰到自己。

韦伯发现，这个临界距离随着身体不同部位的敏感度而发生变化。在舌尖上，这个距离不到1.3毫米；在脸上，大约13毫米；在脊梁上，不同位置的临界距离不同，最大临界距离达到6.35厘米！

身体不同部位的临界距离相差可以达到50倍以上，充分说明我们身体各个部位神经末梢的敏感性差异巨大。

这就是"最小可感觉差别"实验。

韦伯还利用重量不同的一些砝码成功地测量出最微小的临界重量比：当两个物体的重量比大于等于39：40小于1时，人们很难分辨出来。比如说，一个物体重40公斤，另外一个物体超过39公斤不到40公斤，绝大多数人认为它们一样重。

韦伯还针对我们的感觉系统做了相似的实验，分别测出长度、温度、亮度、音高等度量之间的最小可感觉差别。韦伯发现，人类的视觉最敏感，可以区别光线强度的1/60；痛感的最小可感觉差别是1/30；听觉是1/10；嗅觉1/4；味觉1/3。

我们总认为我们的感觉和意识无法捉摸，不可测量，韦伯却告诉我们，物质世界和精神世界之间有着非常清晰明确的反应关系。

韦伯的实验至少告诉我们两点：

第一，感觉可以测量。

第二，感觉有时候是不靠谱的，是会骗人的。

原来，我们看到的和感觉到的现实世界并不一定是真实的世界，我们看到的和感觉到的世界是会骗人的。

美国普林斯顿大学教授、心理学家丹尼尔·卡内曼

（Daniel Kahneman）做过一个冷水实验，也证明感觉可以骗人，人们可能无法做到"两害相权取其轻"。

科学家要求被试将手放进冷水之中。

刺激A：被试将手浸没在14℃的水中60秒。

刺激B：被试将手浸没在14℃的水中60秒，随后，将水温提高至15℃，被试继续浸没在水中30秒。

14℃与15℃的水温都让人不舒服。在没有告诉被试水温和浸水持续时间的情况下，科学家要求被试挑选出感觉舒服一点的一次刺激，也就是说，到底是刺激A更好受一些，还是刺激B更好受一些呢？69%的被试选择了刺激B。这个试验结果和我们人类趋利避害的本性似不相符。多加了一段有害刺激，被试感觉却更好一些，避害变成了趋害。本想趋利避害，结果却是趋害避利了。

真的不想好？

还是想好好不了？

在茫茫宇宙中，人类有限的知识从来都让人类显得那么无知，更不用说一个人了，即便他是一个最博学多才的人。尽管人人都是趋利避害的，但是很多时候人们连利和害都分不清楚，怎敢保证真正做到趋利避害呢？

人是社会关系的总和。当人与人博弈的时候，道高一尺，魔高一丈，谁能保证在什么时候都知道究竟什么是利，什么是害呢？任何人都有上当受骗的时候。

于是有了结论一：想好，但不知如何是好。

聪明反被聪明误

有个经典实验叫作BF实验，就是蜜蜂（Bee）和苍蝇

（Fly）的实验。有人将一只蜜蜂和一只苍蝇装进一个玻璃瓶子当中，然后将瓶子平放，让瓶底朝着透亮的窗户。结果呢？蜜蜂不停地在瓶子底寻找出口，直到鞠躬尽瘁。苍蝇完全不同，一直在横冲直撞，一两分钟后顺利逃离。

为什么学霸型的蜜蜂逃不出瓶子，学渣版的苍蝇却可以迅速逃离呢？

问题就出在聪明上了。

蜜蜂有着超群的智力，并且喜欢光亮。但蜜蜂的思维惯性太强了，它坚守着一个不变的逻辑：光线最亮的地方，就是出口。于是乎，蜜蜂始终如一地重复着一个相当合乎逻辑的行动：碰壁。笨得多的苍蝇呢，本就不懂逻辑，更是对蜜蜂的逻辑不感兴趣，到处乱飞，结果撞到了出口上，撞成功了。傻人的傻福。

蜜蜂想好，没想到好；苍蝇想好，撞到了。原因很简单，蜜蜂太相信自己的逻辑了！黑猫白猫，捉住老鼠就是好猫。有了目标，开放思考，大胆尝试，纵然道路沧桑，终能拨云见日，怀抱灿烂阳光。越是充满智慧的人，越是愿意拿自己已有的知识、技能和逻辑说事，就越有可能在新情况面前固守陈规，结果可想而知。

结论二：想好，但是太相信固有逻辑了，反倒不好了。聪明自然是好，怕只怕，聪明反被聪明误。

想好，但真的好不了

想好，有时候是真的好不了，因为条件不允许。

2008 年 5 月 13 日中午，汶川地震的第二天，救援队员发现了废墟中的一个女人。透过废墟的间隙看过去，她双膝跪地，整个上身向前匍匐着，双手扶地支撑着身体。救援队员从空隙间伸手进去，确认她没有了呼吸，大声呼喊，也得不到任何回应。震后的北川县，还有很多人在等待着救援，救援人员立即撤离。在走向下一片废墟时，救援队长好像回过味儿似的，立即转身向那个女人身边跑去。他费力地在这个女人身下的空隙处摸索着，高声喊道："还有个孩子，还活着！"

艰苦地努力之后，孩子被救出来了。小男孩儿躺在一块红底黄花的小被子里，三四个月大。因为妈妈用全部的身体和生命保护了他，孩子毫发无损。

随行的医生准备给孩子做一些检查，发现有一部手机塞在被子里，他下意识地查看了一下手机屏幕，发现了一条已经写好的短信："亲爱的宝贝，如果你能活着，一定要记住我爱你。"

看惯了生死离别的医生，潸然落泪。

手机传递着，每一个看到短信的人，潸然落泪。

大难当头，母爱让不可能成为现实。

这位伟大的妈妈，想好是一定的，但是为了自己的孩子，自己的亲骨肉，不需要权衡，就决定献出自己的生命，以成全孩子和他那可能非常美好的未来。

还有邱少云。现在有些人认为邱少云的事迹是假的：被大火狂烧半个小时，一动不动，怎么可能？通常的逻辑一定会支持怀疑者，但是，如果一个人有坚定的信仰，并且自己的一举一动直接关系到身前身后弟兄们的安危，他会怎么做？还有，那时那刻，即使邱少云动了，他也难逃一死。我们无意贬低烈士的崇高精神境界，只想客观分析一下，邱少云完全是迫不得已，才选择了撕心裂肺地、但却是静悄悄地离去。

如果可能，谁想去死呢？如果一定要死，谁想要经过如此撕心裂肺的磨砺，才抵达天堂？

更不用说，人总是生活在一定的自然环境和社会环境之中，老、病和死这样不好的东西有谁能够躲过？即便是条件越来越好了，条件还是有限的。

有了结论三：想好，条件不允许，真的好不了。

他们的好，不一定是我们的好

确实有人为了去天堂，不顾一切，即便前方的路本有千万条。

看看一个恐怖的案例吧！

2011年4月，苏菲神社的自杀性炸弹袭击事件造成44人死亡，100多人受伤。巴基斯坦警方在爆炸现场抓住了一个神情落寞的受伤男孩，他就是这次爆炸中的"人肉炸弹"中的一个。

这名才十几岁的男孩犹马·费代来自巴基斯坦西北边境省的一个村庄，一个与阿富汗接壤、塔利班武装十分活跃的村庄。

自杀性炸弹袭击事件发生6个月前的一天，他在上学的路上遇见一位塔利班领袖。这位塔利班领袖问他："想去天堂么？按下这个炸弹背心上的按钮，你就能立刻去天堂。"于是他跟随塔利班组织参加了为期6个月的培训，学会了如何使用手枪、手榴弹和炸弹背心。

"我那时一心想去天堂，训练的时候根本没想到家人。"他的父亲在战乱中死去，他的两个姐姐仍然生活在他的家乡。

在巴基斯坦的边界部落地区，塔利班开设了自己的宗教学校，除了学习阿拉伯语的古兰经和圣战教育之外，几乎什么都不学。大多数在宗教学校里上学的孩子，都是克什米尔和阿富汗战争的下一代或遗孤。他们只知道一件事，那就是战斗。战斗已成为他们生命的一部分，一个个新的轮回持续着。或者加入塔利班，或者加入巴基斯坦军队，几乎成了他们的命运。

可以看出来，一个人"愿意"成为人肉炸弹，或许因为一种信仰——信仰天堂就在眼前；或许因为一个巨大无比的威胁——不去进行自杀性袭击，家人可能就难以保全；或许因为其他重大的利益——例如巨大的财富诱惑……如果这些都不是，一个人——即便是再傻的人——怎么会愿意体验血肉横飞、一命呜呼的感觉？惜命还来不及呢！

这个世界上，总有这么一些人，无比热衷于我们这些普通的理性人所无法理解或者体会的"利"，并愿意为此付出一切。孰是孰非，又岂是常人所能评说！

结论四："志存高远"的人，他们的好不一定是我们的好。

想好好不了，原因可能是：一，不知如何是好；二，聪明反被聪明误；三，条件不允许；四，他们的好不是我们的好。

第二章　活着，再说别的

第一节 生于危难：一将功成万骨枯

生命如此美好，却诞生于危难之间！一个生命笑傲江湖时，谁又在意多少生命已悄然离去。

凭君莫话封侯事，一将功成万骨枯。

看着唐代大诗人曹松如此苍凉悲壮的战争诗句，又有几个人能够和女人的受孕联系起来呢？

生命的诞生历程，却正如曹松所言——一将功成万骨枯！

每一个女性的每一次受孕过程，都让我们见证了生命诞生的苍凉和悲壮——生命自始就是传奇！就是奇迹！生命伊始，我们已经是世界上最幸运的存在了。当生命的奇迹在春花、夏阳、秋露、冬雪中延续时，在缤纷美丽的世界中绽放光彩时，我们真的没有理由不珍惜这属于整个世界的奇迹！

从生命的最初，在我们完全不知、我们的父母也完全无意识的情况下，一场惨绝人寰却看不到任何硝烟的战争就在我们的妈妈们的身体里展开了——一个（偶尔也会是两个乃至多个）受精卵的产生意味着三四亿个精子的壮烈牺牲。绝大多数情况下，即便是所有的精子全部壮烈牺牲，一个受精卵也没有产生——最通常的情况竟然是最惨烈的结果！

就让我们看看运气好到极点的精子是怎样踏着兄弟们——

"烈士们"的足迹走进卵子的吧。

当数以亿计个蝌蚪们为人类的命运奋勇向前时，阴道壁的分泌物成为这些生命传承者们长征途中遇到的第一拨敌人。阴道壁是酸性的，主要是为了保护女性的生殖系统不会受到细菌感染，但阴道壁上的这些酸性物质对于蝌蚪们来说恰恰是致命的。以至于几分钟之内，阴道壁上就布满了数不清的被残杀的精子。当这样的场景被放大成人类战争场面的时候，其惨绝人寰之场面无与伦比！

女性的宫颈液是保护女性健康和发挥性活力时不可或缺的生命源泉。在女性一生中，宫颈液会根据女性的身体状况、精神状况来确定：是让蝌蚪们顺利通过，还是让蝌蚪们寸步难行。如果女性的身体"认为"孕育时机并不妥当，宫颈液就会变得让蝌蚪们寸步难行，宫颈液中由许多纤维组织组成的导管之间的通路就会变得无比狭窄。即使蝌蚪们能够步入宫颈液，也很难通过这些狭窄的导管；就算是通过了导管，蝌蚪们的游速也会大大降低。从阴道经过子宫颈通往子宫深处的"高速公路"，会因为严重的交通堵塞，让这些蝌蚪们很难顺利通过。宫颈对蝌蚪们能够起到一个筛选的作用，只有那些形态正常的高活动力的精子才有幸通过筛选过程，游过宫颈。

对于大多数女性来说，"回流"是一种非常令人不愉快的物质。当精液滑落到阴道底部，最开始会像果冻一样凝固起来。十几分钟以后，凝固的精液逐渐变软，变得更像液体。不久以后，子宫颈里的精液、黏液、精子以及从阴道壁上剥落下来的细胞都搅和在一起了，不久就会被女性排出体外，这些搅和在一起的东西就是"回流"。在这个"回流"里面，至少成百上千万的精子又壮烈牺牲了。连同之前的牺牲者，多数精子壮烈阵亡。

留在女性身体里的少数精子当中，有几百颗精子非常幸运，一马当先，就像这支残留下来的依然浩浩荡荡的精子大军中的先遣部队，一直向子宫游去。先遣部队进入子宫后会顺势划过子宫壁，进入位于子宫顶端的输卵管，再往前进入休息区，翘首等待众星捧月般的大人物——卵子的现身。不仅如此，还有一批百万之众的蝌蚪们会游进子宫颈壁上的无数微小储藏库，随时待命，准备向输卵管补充生力军。

在输卵管里，每个时刻都会有数千个精子同时全天候待命，等待着大得多的"另一半"——卵子的来临。卵子从进入输卵管的那一刻起到进入子宫需要五天的时间，但是在受精区只能够停留24小时。所以，必然会有无数的精子在等待卵子的过程中死亡——"革命"尚未成功，"战士"不断阵亡！而其余的精子会自始至终留在子宫和子宫颈的黏液通道里，失去了方向，要么自然死亡，要么被闻讯蜂拥而至的极具杀伤力的白细胞赶尽杀绝。对于即将功成的精子们来说，白细胞不啻黎明前的梦魇！

即便是一颗精子幸运地遇上了卵子，让卵子受精也绝非易事。卵子身上有三层铠甲，最外面一层是堆积层，由一堆形状不定的细胞堆积而成，是卵子从卵巢里带来的。接下来的一层也是比较厚的，是透明层，是卵子的外皮。最里面的也是最薄弱的一层叫卵黄膜。如果精子能够用自己的头部切入堆积层，到达中间的透明层，精子的头部就会沾上一些化学物质，算是先拔头筹。接下来，精子会用头部的尖针往卵子里面钻，尾部激烈摆动以获得足够的动力。哪个"战士"最先钻到透明层，它就可以到达卵黄层，才算踏上成功的阶梯！因为只要卵黄层进入一颗精子，卵子表层就会释放出某些化学物质，几秒钟之后，任何精子就不可能再钻过卵子的表皮。

对于人类传宗接代的"斗士"——精子来说，第二名通常就是失败，更不用说第三名、第四名……

这才应该算是真正的惨绝人寰的"千军万马过独木桥"！和人类的受孕过程中的精子们相比，参加各种考试的人们所面对的艰难处境统统都是小儿科！

真正是：一将功成万骨枯！

难怪有笑话说，婴儿刚生下来为什么哭？答案相当合情合理：数以亿计的亲兄弟如此壮烈地牺牲了，难道还不应该号啕大哭吗？再不号啕大哭还是人吗？

受精卵形成，一个生命在我们不知不觉中诞生了。从精子、卵子到受精卵，我们迈出生命中的第一步，竟然如此苍凉悲壮！

受精卵是生命的开始，精子同样是小生命啊！在我们酣睡的时候，在我们忙着各种各样事务的时候，又有多少人会去留意，又几个人能够留意到，每天都会有数以万亿计的精子前赴后继，勇往直前，却终不免英雄气短，梦断蓝山！

呜呼，生死相伴，自始如此！这才是生命的本义?!

不得不提的是，精子和卵子是生命，但是受精卵才可以算得上真正的"人之初"。受精卵只是人类生命的源头，要想一朝分娩，小生命呱呱坠地，尚需黑暗中的"十月怀胎"！

"十月怀胎"，虽非真正的怀胎十月，但也差不多得有40周左右的时间。在这40周左右的时间里，小小的生命虽然身处黑暗之中，焦虑却少有，整日无忧无虑地徜徉于妈妈温暖的怀抱之中。倒是准爸爸和准妈妈尽管身处于光明之地，幸福感一天天不断增长，快乐一天天更加洋溢，累积的焦虑之情却也不可避免地在心中回旋。真正的危险往往不期而遇，刺激着每一对准父母的每一根脆弱的神经：先兆性流产、子宫颈闭锁不全、产前出血、胎位不正、早产、难产，以及其他各种各样的危险都可能随时发生！

可见，从受精卵形成到小生命降临人间，小宝贝们可能遭遇的磨难比我们想象得还要多得多。不要忘了，每个小生命遭遇的磨难对于他们的妈妈们来说，有时也意味着健康的损害乃至生命的危险。想象着无数亲朋好友对小小生命的殷殷期待，再想想小宝贝们需要经历的"怀胎十月"里危机四伏的黑暗旅程，不禁让人嗟嘘不已，只言片语怎能了结？

可叹，生命之多艰，始于始！

可喜，每一个宝贝诞生的时刻，就是一个奇迹降临到我们美丽的人间！

生于危难，莫不珍惜！

第二节　活着，才是王道

生与死之间，就是一辈子。活着，才有机会。

活着，才是王道

在生死临界点的时候，你会发现，任何的加班（长期熬夜等于慢性自杀），给自己太多的压力，买房买车的需求，这些都是浮云。如果有时间，好好陪陪你的孩子，把买车的钱给父母亲买双鞋子，不要拼命去换什么大房子，和相爱的人在一起，蜗居也温暖。

上面这几句震撼无数人心弦的话语，来自一个32岁的博士、海归、大学优秀教师、一个两岁孩子的母亲。不幸的是，这位曾经坚强、并且一直坚强的女性已经在2011年4月19日永远地离开了她的孩子土豆、她的爱人光头和整个美好的世界。

面对死亡，她曾经无比坚强和执着，为了活着！

2009年的最后一个星期，我被救护车抬进RJ医院，放置在急救室病理室的主任看到我那浑身黑漆漆的PET CT问了一句话"病人现在用什么止痛"。

光头答"现在还没有用任何的止痛药物"。

那个四十多岁的主任，倒吸一口凉气，一字一句地说："正常情况下，一般人到她这个地步，都要差不多痛都能痛死的。"

这段对话的时候，我只是屏着气，咬着牙，死死忍着，没有死，也没有哭。

放在急救室三天两夜，医生不能确诊是骨癌、肺癌、白血病还是其他癌症。

急救室应该就是地狱的隔壁，一间随时开启的自动门夹杂寒冬的冷风随时送病危病人进来。

我身边的邻居，虽然都躺在病床上，看看似都比我精神好很多，至少不是痛得身体纹丝不能动。然而，就是这些邻居，夜里两点大张旗鼓送进来躺在我身边不足两尺的地方，不等我有精神打个招呼，五点多我就会被他家属的哭声吵醒，白单覆面。

如此三天两夜，心惊胆战。我没有哭，表现得异常理智，我只是断断续续用了身体里仅有的一点力气，录了数封遗书，安慰妈妈看穿世事生死。

后来，一天两次骨髓穿刺。骨髓穿刺其实对我来说，并说不上疼痛，光头在旁边看我接受骨髓穿刺，面壁而不忍再看，我妈妈也已经濒临精神崩溃边缘。

我的痛苦在于当时破骨细胞已经在躯体密布，身体容不得触碰一点，碰了，真的就是晕死过去。那种痛不是因为骨穿，而来源于癌细胞分分秒秒都在侵蚀骨头。

我还是没有哭，不是因为坚强，是因为痛得想不起来哭，那个时候，只能用尽全力屏着。如果稍微分神，我就会痛得晕厥。我不想家人看到我的痛苦。

当元旦确诊为乳腺癌癌症四期也就是最晚期的时候，我长舒了一口气，没有哭，反而发自内心地哈哈大笑。

因为这个结果是我预想的所有结果中最好的一个既然已然是癌症，那么乳腺癌总是要强一点。

至于晚期，我早已明了。全身一动不能动，不是扩散转移，又能是什么。

发现太晚，癌细胞几乎扩散到了躯干所有重要的骨骼。

我不能手术就是化疗，地狱一样的化疗。

初期反应很大，呕吐一直不停。

当时我全身不能动，即便呕吐，也只能侧头，最多45度，身上、枕边、被褥、衣裳，全是呕吐物，有时候呕吐物会从鼻腔里喷涌而出，一天几十次。

其实，吐就吐了，最可怕的是，吐会带动胸腔震动，而我的脊椎和肋骨稍一震动，便有可能痛得晕厥过去，别人形容痛说刺骨的痛，我想我真的明白这中文的精髓。一日几十次呕吐，我几十次的痛到晕厥。

别人化疗时候那种肠胃脏器五脏六腑的难受我也有，只是，已经不值得一提。

那个时候，我还是没有哭。因为我想，坚持下去，我就能活下去。

此后六次化疗结束后，我回家了

儿子土豆19个月，他开心地围着我转来转去奶奶说，土豆唱支歌给妈妈听吧。

土豆趴在我膝盖上，张嘴居然奶声奶气唱道"世上只有妈妈好，有妈的孩子像个宝"。

话音未落，我泪先流。

也许，就是差那么一点点一点点的。

我的孩子，就变成了草。

这样的文字，让一个人怎么能忍心读下去！

于娟曾经希望像朋友三年搞定两个学位一样，三年半同时搞定一个挪威硕士和一个复旦博士学位，但是博士学位毕竟不是硕士学位，这个目标没有达成。她也曾想两三年搞个副教授来做做，于是开始玩命想发文章搞课题。她自认为天生没有料理家务的本事，却喜欢操心张罗。家中事无巨细一切都是自己处理掌控，"什么东西放在什么地方，什么时间应该什么做什么事情，应该找什么人去安排什么事情统统都是我处理决断"，等到自己病了，才发现光头并不像她所想象的那样是个上辈子就丧失了料理日常生活的书呆子！尤其是在"生不如死九死一生死里逃生死死生生"之后，于娟突然觉得一生轻松，不想去控制大局小局，不想再去多管闲事，不再有对手，不再有敌人，不再关心谁比谁强，课题也好，任务也罢，暂且放着。

尽管坚强和坚持没有给予娟带来生命的延续，但是我们从于娟身上看到了她——和我们所有人一样——对于生命最亦诚的热爱！尽管我们无数的人和曾经的于娟一样，不知道应该如何有效地、科学地热爱生命，但是，只要是热爱生命的人，我们就应该充分尊重！

热爱生命，永远不错

重回2008，举国欢腾、盛况空前的北京奥运如在眼前，但并不是所有人都心存快乐，都一样欢欣鼓舞。大雪灾以及之后举世震惊的汶川大地震，让我们的记忆中不仅留存了运动和欢乐，还留下了巨大的心灵震撼和无限的悲伤，以及不尽的思考……

2008年5月12日14时28分04秒，汶川，北川，8级强震猝然袭来，大地颤抖，山河移位，满目疮痍，生离死别……西南处，国有殇！50万平方公里的祖国大地，遭到了前所未有的重创！新中国成立以来破坏性最强、波及范围最大的一次地震降临了！

地震中出现了无数的感人事迹，但是这里我却要"支持"一个用自己的行动表现出无比热爱生命的人——曾经的反面典型——范美忠。那一刻地动山摇之后，曾经相当有名的、真诚的、坦率的、汶川地震中决出的起跑反应速度最快、奔跑速度最快、心理状态最决绝的短跑冠军（根据剧情和精心选拔，应无争议）——范跑跑——写下了《那一刻地动山摇》：

这一天下午照例是我的IB一年级SL语文课……刚讲到这里，课桌晃动了一下，学生一愣，有点不知所措，因为此前经历过几次桌子和床晃动的轻微地震，所以我对地震有一些经验，因此我镇定自若地安抚学生道："不要慌！地震，没事！……"话还没完，教学楼猛烈地震动起来，甚至发出哗哗的响声

（因为教室是在平房的基础上用木头来加盖的一间大自习室），我瞬间反应过来——大地震！然后已猛然向楼梯冲过去，在下楼的时候甚至摔了一跤，这个时候我突然闪过一个念头"难道中国遭到了核袭击？"然后连滚带爬地以最快速度冲到了教学楼旁边的足球场中央！我发现自己居然是第一个到达足球场的人，接着是从旁边的教师楼出来的抱着一个两岁小孩的老外，还有就是从男生宿舍楼下来的一个学生。这时大地又是一阵剧烈的水平晃动，也许有一米的幅度！这时我只觉世界末日来临，人们常说脚踏实地，但当实地都不稳固的时候，就觉得没有什么是可靠的了！随着这一波地震，足球场东侧的50公分厚的足球墙在几秒钟之内全部坍塌！逐渐地，学生老师都集中到足球场上来了，因为是IB二年级毕业考试期间，有些学生没有上课，有的学生正在寝室里睡觉或者打游戏，因此一些学生穿着拖鞋短裤，光着上身就跑出来了！这时我注意看，上我课的学生还没有出来，又过了一会儿才见他们陆续来到操场里，我奇怪地问他们："你们怎么不出来？"学生回答说："我们一开始没反应过来，只看你一溜烟就跑得没影了，等反应过来我们都吓得躲到桌子下面去了！等剧烈地震平息的时候我们才出来！老师，你怎么不把我们带出来才走啊？""我从来不是一个勇于献身的人，只关心自己的生命，你们不知道吗？上次半夜火灾的时候我也逃得很快！"话虽如此说，之后我却问自己："我为什么不组织学生撤离就跑了？"其实，那一瞬间屋子晃动得如此厉害，我知道自己只是本能反应而已，危机意识很强的我，每次有危险我的反应都比较快，也逃得比较快！不过，瞬间的本能抉择却可能反映了内在的自我与他人生命孰为重的权衡，后来我告诉对我感到一定失望的学生说："我是一个追求自由和公正的人，却不是先人后己勇于牺牲自我的人！在这种生死抉择的瞬间，只有为了我的女儿我才可能考虑牺牲自我，其他的人，哪怕是我的母亲，在这种情况下我也不会管的。因为成年人我抱不动，间不容发之际逃出一个是一个，如果过于危险，我跟你们一起死亡没有意义；如果没有危险，我不管你们你们也没有危险，何况你们是十七、十八岁的人了！"这或许是我的自我开脱，但我没有丝毫的道德负疚感，我还告诉学生："我也决不会是勇斗持刀歹徒的人！"话虽这么说，下次危险来临的时候，我现在也无法估计自己会怎么做。我只知道自己在面对极权的时候也不是冲在最前面并因而进监狱的人。

跑跑先生的做法绝对不能说没有问题！

跑跑先生一面跟同学们说了"不要慌！地震，没事！……"，一面却又在知道大地震到来时"然后已猛然向楼梯冲过去，在下楼的时候甚至摔了一跤"。在告诉同学们"没事"之后，却没有向同学们说明其实真"有事"，就瞬间消失了，置这些年少单纯、缺乏抗震经验的孩子们于不顾！如果这样做都没有问题，"师德"这两个字肯定是可以从字典里彻底抠掉了。

上面说的是道德，从法律上说，如果有学生出事了，跑跑先生难道可以逃脱其咎？跑跑先生，至少您可以在冲刺的同时说句话吧！教师法都明确规定了，老师应当"关心、爱护全体学生"，而且教师应该"制止有害于学生的行为或者其他侵犯学生合法权益的行为"。一边说"没事"，一边不吭一声一溜烟跑了——还"勇"夺冠军，难道这不是在"坑"孩子们吗？如果这些学生中有人出大事儿了，试问一下精通法律的专家们，跑跑先生就算逃得过牢狱之灾，是不是至少也得拘拘留、赔赔偿吧！

　　窃以为，跑跑先生可以有几种办法，让这次逃难不缺乏道德，更不至于违法：

　　第一种，跑跑先生在准备冲刺的瞬间大喊一声："同学们，地震啦，快跟我往操场跑！"然后跑跑先生"率先垂范"，一马当先，狂奔操场！尽管会造成不小混乱，但是这毕竟是一个老师在如此危难时刻的应尽职责；

　　第二种，跑跑先生可以大喊："同学们，地震啦，快跟我往操场跑！一个一个跑！不要拥挤！"然后跑跑先生依旧率先垂范，一马当先，直奔操场！大难当头，这能够算很完美的做法了；

　　第三种，跑跑先生还是可以大喊一声："同学们，地震啦，快往操场跑！一个一个跑！不要拥挤！我断后！"如此具有奉献精神的做法，似乎就不应该强求跑跑先生了。但是，这至少可以作为跑跑先生的一种高尚选择。

　　和那一场惨绝人寰的克拉玛依大火中喊"领导先走"的领导们以及"先走"的领导们相比，跑跑先生的所作所为已经好了许多许多，更何况，跑跑先生的学生们都"老大不小"

了——十七八岁了。但是跑跑先生的行为，至少在我看来，依旧是违法的，更不用说是缺乏道德的了。

但是，是该说"但是"的时候了！

撇开跑跑先生是否缺乏道德、是否违反法纪不说，他的所作所为绝对有可圈可点之处。

我不是、也绝对不想和范美忠老师穿同一条裤子，所以大家大可不必立即拿砖头拍我。我只是坚定地认为，跑跑先生的生命观没有什么大问题。在热爱生命这一点上，跑跑先生和于娟的生命观完全一致。

跑跑先生说道：

> 我是一个追求自由和公正的人，却不是先人后己勇于牺牲自我的人！在这种生死抉择的瞬间，只有为了我的女儿我才可能考虑牺牲自我，其他的人，哪怕是我的母亲，在这种情况下我也不会管的。

我宁愿相信，跑跑先生说的是真话。

这些年以来，其实也是数千年以来，说实话从来就不是一件容易的事情。

在其位，谋其事，吐其言！指望一个国家领袖随时说出自己的心里话，无异于痴人说梦，因为身在其位，不得不谋其事、吐其言的。随时说出自己掏心窝子的话，平常人都做不到的，更何况领袖！当你的屁股坐到了那个板凳上，却不替帮你坐到那个板凳上的兄弟姐妹们说话，要么屁股主动离开板凳；要么板凳顶走屁股；要么屁股还在板凳上，身体的其他部位却永远离开了——这自然是最惨了！

说实话，口难张，"损己"的实话更令人难以启齿。有几个人愿意在很多人甚至数亿人面前说出损己的实话来呢？

所以，我不愿意像有些"专制"的道德卫士们那样将真实和坦诚的范美忠老师们一棍子打死。如果范美忠老师们被彻底打死了，那这个世界上是不是就只剩下虚假和伪装了！

为什么无数的道德卫士们可以秋风扫落叶般地批评范美忠，有可能是因为道德卫士们常常没有"机会"处在"生死抉择的瞬间"。即便是有"机会"处在"生死抉择的瞬间"，又有几人愿意将自己的真实想法昭示天下？再说了，"痛打落水狗"几乎不需要成本，却可以彰显光辉形象！多骂范美忠一句不仅不会给自己带来什么不好，还可以很好地提高自己的公众形象，何乐而不为！

记得我年少读书时，有一晚，小偷进入宿舍区，被看门大爷和一两个同学抓住，遭到一顿暴打！周围一群同学，也毫不"吝啬"，纷纷"奉献"上自己的拳脚，每个人心中都充满了正义和力量。连我这样一个向来懦弱又胆小怕事的人，都摩拳擦掌，希望为祖国为人民"贡献"绵薄之力！最后只是因为身单力薄，没有挤过去作出自己应有的"贡献"！

面对绝佳的表现机会，道德卫士们大凡如此！

如果这些道德卫士们在"生死抉择的瞬间"的思想和行为被曝光，如果这些道德卫士们在重大利益抉择时的思想和行为被曝光，一定没有几个人敢于如此肆无忌惮地批评范美忠了吧。

欲做精金美玉的人品，定从烈火中炼来！过度对别人进行道德评价，要么是盲从，要么是为了掩盖自己的虚伪，要么是有着其他不可告人的目的！

爱生命，无可厚非！

罗曼·罗兰说："世界上只有一种英雄主义，那就是了解生命并且热爱生命的人。"

人生起起伏伏，不可预测！螳螂捕蝉，又岂料黄雀在后；塞翁失马，焉知不因祸得福！人的一生，因为不经意的习惯或者看似寻常的小事，能使得物是人非，花容尽改，直至人面不知何处去，桃花依旧笑春风！因此，无论富贵，还是贫穷，无论健康，还是疾病，无论幸福，还是不幸，只要生命存在一天，就需要我们尽力珍惜；只要生命存在一天，任何人的生命都应该焕发光彩。

活着才是王道！一次机会，一辈子珍惜。

第三节 绝非缘浅，奈何轻生？

健康不可胡来，生命更只有一次。自断尘缘，后悔的机会却没有了，枉留下声声叹息！

枉叹亲手断尘缘

2003年愚人节，全球华人社会和亚洲地区极具影响力的歌手、演员和音乐人，演艺圈多栖发展最成功的代表之一，张国荣，从香港东方文华酒店二十四楼健身中心跳下，一瞬间魂归故里。"哥哥"张国荣是香港乐坛的殿堂级歌手，是首位享誉韩国海外乐坛的华人歌手；他通晓词曲创作，曾经担任过MTV导演、唱片监制；他在1991年当选金像奖影帝，1993年主演的《霸王别姬》打破了中国内地文艺片在美国的票房纪录，因此蜚声影坛。如此殿堂级的人物，临终时非常无奈："我一生无做坏事，为何会这样？"依依不舍，又无可奈何！

1966年8月23日，本应当在家继续休养的老舍，到北京市文联参加"文化大革命"运动。23日下午，老舍和另外三十多位作家、艺术家一道，被挂上"走资派""牛鬼蛇神"和"反动文人"的牌子，惨遭侮辱和毒打。其间，老舍又因为"对抗红卫兵"，被加上了"现行反革命"的牌子，遭到了"红卫兵"格外残酷的殴打,直到 8 月 24 日凌晨。24 日清晨,老舍先生独自走出自家的院子,直接去了北京西城豁口外的太平湖,在太平湖边坐了整整一天和大半个夜晚,然后步入了湖水!

路漫漫其修远兮,吾将上下而求索。

屈原,中国诗歌之父,中国文学史上第一位留下姓名的伟大的爱国主义诗人,为中国文化留下了瑰丽无比的伟大诗篇。就是这样一位永远影响中国文化的伟大的爱国主义诗人,因为不愿意同流合污,因为政治理想破灭、对前途感到绝望,因为有心报国却无力回天,最终以死明志,在都城被攻破那年的端午投身汨罗江,含恨而去。

今来古往,有无数名人如此般毁于亲手,尽管是用不同的方法通向了生命的彼岸。

自杀的名人都不一定数得出来,自断尘缘的无名"英雄"何止于千倍万倍!

看看新华社每日电讯吧,我国自 2000 年以来,每年 10 万人中有 22.2 人自杀,每两分钟就有 1 人自杀,8 人自杀未遂,自杀未遂者往往也造成不同程度的功能残疾。假定这些年来我国人口为 14 亿人,那么每年的自杀人数为 310800 人。自杀在我国已成为位列第五的死亡原因,仅次于心脑血管病、恶性肿瘤、呼吸系统疾病和意外死亡。而在 15 岁至 34 岁的人群中,自杀更是成为死亡的首位死因。

在冰冷的数字面前,有些人或许可以做到镇定自若。但是,当挚爱的亲朋永久地离开我们,永远没有机会再见的时候,我们一定会为"1"个人的离开而悲痛欲绝。亲身经历悲痛,我们才知道数字的可怕。当"1"变成"310800"时,我们一定会深深感受到——仅仅是自杀，每一年就在华夏土地上酝酿了多少人间悲剧！

尘缘不浅，为何轻生？

2015年愚人节，世界头号人瑞——1898年3月出生的日本妇女米绍·奥卡瓦（Misao Okawa），一位创下吉尼斯世界纪录的世界上最长寿的老人，在度过自己117岁生日之后不久，因为心脏功能衰竭，平静地离开人世。

117年，在时光飞逝的宇宙中，不过是眨眼之间的事情。但是，对于发展到今天的人类来说，能活这么长时间已经是奇迹了。时至今日，我们这些凡人能够活到八九十岁就算是长寿，更不用说我们的祖先了：

1995年，中国人72岁，美国人75.8岁；

1983年，美国人，74.7岁；

1971年，美国人，71.0岁；

1954年，美国人，69.6岁；

1915年，美国人，54.5岁；

1900年，美国人，47.3岁；

19世纪，英国威尔茨人，41岁；

中世纪，英国人，33岁；

古罗马，人类的平均寿命是22岁；

古希腊，人类的平均寿命是20岁；

公元前，人类的平均寿命是18岁。

人生何其苦短！

生，不易！养，不易！活，不易！

疾病和意外伤害，已是生命不可承受之重！

并非缘浅，为何轻生？

作为人类最复杂的行为之一，谁也不敢说能够将自杀的理由分析清楚。不过我个人感觉，自杀的原因或许可以分为两大类，一类是自杀者自认为生不如死——不管是比较理性地认为，还是比较"冲动"地认为；另一类是某种纯粹的冲动导致自杀。

有些人比较理性地认为"生不如死"。例如，有的人一直忍受着极大的伤病的侵蚀，境况极其艰难悲惨，生活质量一塌糊涂，一死了之可能是比较容易让这些人接受的选择，于是这些人渐渐地形成了"生不如死"的念头。当这种念头一天天被强化之后，求生的欲望就越来越弱。死亡即将来临时，人反而显得越来越平静，自杀也就不远了。安乐死从某种角度上说，类似于此种自杀。

深思熟虑的自杀者一般都经过长时间的艰难抉择，尽管迷茫过，彷徨过，徘徊过，但最后总能够得出一个结论——生不如死！尽管充满了对生的眷恋和期待，但是现实让眷恋和期待如此苍白，生命之光被痛苦和绝望战胜，了断一生的念头一步步占据上风，自杀者终于斩断生的希望，奔赴未知的黄泉。

深思熟虑的自杀者并非不爱生命，只是因为生命中不可承受之重、不可承受之痛、不可承受之苦——至少在当事者看来——是不可克服和无法逾越的。如果生命可以重来，或许他们会作出不一样的选择。

也有人受到比较狂热的思想观念的影响，会产生持续乃至坚定的信念——例如死后可以抵达无限美好的天堂的信念。这种人尊重生命，热爱生命，但是，由于受到坚定信念的影响，他们会感觉死亡之后的生活比现世的活着更美好。这种信念一旦形成，自杀就难以阻挡了。这一类自杀者其实也是深思熟虑者。一旦思想观念改变了，自杀应该就不再发生了。

也有些人比较"冲动"一些。这些人"挣扎"得非常厉害！在生死抉择之间，求生的本能在时时刻刻地召唤着生命的继续，但是现实的挫折、挫败又时时刻刻地敲打着生命的时钟。这时候，一些突然的刺激可能就会让这些"冲动"变成行动，终落得魂游仙地，一去不归。

自杀的从众心理就和上面的"冲动"直接相关。有自杀想法，但是一般不会轻易走到这一步，一旦有了效仿的对象，情况就大不相同了。最典型的莫过于张国荣自杀所引起的一系列自杀事件。从张国荣自杀的当天深夜到第二天凌晨，短短9个小时之内，整个香港有6人跳楼自杀。整个4月份，香港共有131起自杀死亡事件，比以往月份暴增了三分之一。有死者还在遗书中明确表示了自己选择自杀跟张国荣有关。

人是理性的动物，更是充满感性的。一旦感性膨胀到理性无法干预和约束时，任何事情都可能发生。当冲动的情感和情绪如脱缰般野马，当理智被弃之荒野，当一时间想不开时，对生命意义的无知和无视就会使得人们做出无法挽回的事！纯粹冲动的自杀和上面提到的理性的冲动的自杀完全不同，瞬间的想不开和理性短路就会制造永久的遗憾。

纯粹冲动的自杀千奇百怪，偶发，不可预期。

比如说，夫妻俩吵架，不巧又住在一栋楼的高层。女的说，如果你再这样逼我，我就跳楼了。男的不好气地说，你跳吧！跳啊！有本事立即跳下去啊！女的说，你以为我不敢跳吗？我今天就跳给你看看——瞬间飞身出去了！当男的回过神来准备救人时，女的已经玉体横陈、香销天外了！

如果生命可以重来，尊重生命肯定是纯粹冲动的自杀者的不二选择！

活着，既是权利，也是义务，对自己，也是对别人。

第四节　天没亮，太阳在路上呢

黎明前往往更黑暗。此时此刻，太阳正在路上呢。

有一个人，上帝给了她19个月的光明，让她欣赏了19个月的音乐，就同时关闭了世界上最美丽的两扇窗。从此，她成了一个盲人，一个聋人。就是这样一个又聋又盲的人，却取得了无比辉煌的成就。

她叫海伦·凯勒。

文学界的拿破仑——巴尔扎克曾经说过："伟人的一生势必不幸。"

但是，对于海伦·凯勒来说，不幸来得太早，残酷无比。

1880年6月27日，海伦·凯勒出生于美国亚拉巴马州北部一个小城镇——塔斯喀姆比亚。她天生聪明伶俐，出生不到六个月，便能清楚地说出 tea、water 和 doll 等几个单词，对周围事物的感受异常敏锐。海伦的父母都非常开心，能够生下一个天赋异禀的小孩儿，绝对是父母们的幸事。

然而，谁都没有想到，海伦19个月时的一场高烧改变了一切。当所有人都认为海伦活不了的时候，海伦身上的烧在某一个早晨奇迹般地退了。当海伦全家一片喜庆祥和时，谁也不知道，小海伦永远看不见了，永远听不见了！

更让人无法想象的是，这样一个又盲又聋的孩子，在十岁时就被视为一个智力超群的天才和一个道德楷模，扬名世界。之后的一生，海伦始终是一个公众人物。甚至在她去世之后多年，她仍然是一个为世人所景仰的对象。尽管又聋又瞎，她还是学会了语言，而且如此出色，成了英语学士，成了拉德克里夫学院的优等生，写过14本书。海伦极其乐观，善良，慷慨豁达，具有近乎神圣的人格魅力。

温斯顿·丘吉尔说，她是我们这个时代最伟大的女性。

马克·吐温说说，19世纪有两个奇人，一个是拿破仑，一个是海伦·凯勒。

美国著名舞蹈家玛莎·格雷厄姆认为海伦"比我遇到的任何一个人都要优秀"。

一个可怜无比的"野孩子"，怎么会做到这一切？不仅因为她幸运地遇到了她一生的老师和"伴侣"——苏利文老师，更因为海伦渴望曾经的光明和快乐，心中充满着无尽的希望。

那一天，海伦正在和新布娃娃玩的时候，苏利文将一个破的大布娃娃放在小海伦的膝盖上，教她拼写doll，而且试图让她明白，这两个娃娃都叫doll。随后，苏利文又向海伦解释mug和water这两个单词，并且极力强调，杯子是杯子，水是水。可是，海伦却没有办法将这两个东西分开。无奈之下，苏利文只好从头开始。但是，海伦对于这种反反复复忍无可忍，抓过老师送给她的新娃娃，把它猛地摔到了地上，感觉到新娃娃在自己脚下四分五裂，心里十分痛快。老师没有生气，在打扫完"战场"以后，她带着海伦到了外面，来到一个水井边，有人开始压水，苏利文将海伦的手放在了水流过的地方。当一股清泉从海伦的小手上滑过的时候，沙利文在海伦手上写了个

water，起初慢慢地写，然后越写越快。蓦然间，一种被遗忘的朦胧意识回到了海伦的记忆中，沉睡的意识开始回归和觉醒，神秘的语言世界展现在海伦的面前！原来，每一个事物都有自己的名字，每一个名字都可能会诞生一种新的思想。那一天，海伦学习了很多的单词，通向语言的大门已经打开。这一扇大门一旦打开，就再也没有向海伦关闭过。

海伦在学会语言之后，没有停止追求。海伦早就知道周围的人是用嘴巴说话和交流的。海伦不想让交流被手语字母所束缚，这种感觉让她感到非常焦躁，因此她坚持使用嘴唇和声音。大家并不鼓励她这么做，因为不想让她太失望。而当海伦知道有一个挪威盲聋女孩儿朗希尔德·卡塔学会了说话以后，她坚定了学会说话的信心。

霍勒斯·曼学校的校长莎拉·富勒提出要亲自教海伦说话，并在1890年3月26日正式开始。富勒小姐让海伦的手从她的脸上摸过去，让海伦感觉到她发音时舌头和嘴唇的位置。海伦急切地模仿富勒小姐的每一个动作，很快就学会了构成话语的基本因素中的六个：M、P、A、S、T和I。海伦永远不会忘记，当自己说出第一个连贯的句子"天气暖和"的时候，她所感受到的惊喜无以复加。尽管断断续续，尽管结结巴巴，但那是人的语言。海伦意识到，那是自己的新力量，那是自己获得了另外一个交流的方式。

对于海伦来说，学会说话绝对没有这么容易。海伦不得不依靠自己的触觉来捕捉喉咙的震动、嘴的动作和脸部的表情，但触觉常常会犯错误。海伦不得不重复那些字、那些词和那些句子，有时候一连好几个小时，直到感到自己声音中的口气合适时为止。伴随着疲惫的常常是气馁和沮丧，但是展示成就的追求却激励着海伦继续向前。在清楚地发出每一个音和把所有的音以千百种方式组合起来的努力中，苏利文老师给了海伦一直不停地帮助。经过了日日夜夜的努力，海伦终于让最亲密的朋友听懂她的话。

最幸福的时刻是海伦学会说话后回家的那一刻：妈妈把小海伦紧紧地抱在怀里，听着小海伦说着每一个音节，高兴得发抖，说不出话来；小妹妹一把抓住她空着的手又亲又跳；海伦的爸爸以巨大的沉默表现出了他的骄傲和爱！

十岁那年，也就是1890年，海伦凯勒学会了说话。

天未亮，并非没有太阳。太阳正在路上呢。

还有一个人，经历过漫漫长夜。但是，这个人并没有在漫漫长夜中倒下乃至离去，而是坚强地屹立着，直到光辉岁月的来临！

他就是南非总统，伟大的曼德拉先生！

　　……

　　今天只有残留的躯壳，

　　迎接光辉岁月，

　　风雨中抱紧自由，

　　一生经过彷徨的挣扎，

　　自信可改变未来。

曼德拉告诉我们，生命中最伟大的光辉不在于永不坠落，而是坠落后能够再度升起。

1962年8月，在美国中情局的帮助之下，曼德拉被南非种族隔离政权逮捕入狱，以"煽动罪"和"非法越境罪"判处5

年监禁。从此，曼德拉开始了长达27年的监狱生涯。

1962年10月15日，曼德拉被关押到比勒陀利亚地方监狱。在那里，曼德拉为了争取自身利益而遭到单独关押，每天的关押时间长达23小时，上午半个小时、下午半个小时就是他全部的活动时间。关押室里没有自然光线，没有任何书写的物品，一切都和外部隔绝。

1964年6月，南非种族隔离政权以"企图以暴力推翻政府"罪判处正在服刑的曼德拉终身监禁。同年，他被转移到南非最大的秘密监狱——罗本岛上。

曼德拉在罗本岛的狱室只有4.5平方米，在这里他受到了非人的待遇。罗本岛上的囚犯们必须在岛上的采石场做苦工。曼德拉希望监狱方同意他在监狱的院子里开辟出一块菜园，多次拒绝之后，监狱方竟然同意了曼德拉的要求。在岛上，曼德拉始终不忘记锻炼身体，坚持在牢房中跑步，坚持在牢房中做俯卧撑。

1984年5月，政府允许曼德拉和他的夫人进行"接触性"探视。当他的夫人听到这个消息时，还认为曼德拉生病了。时隔21年再次见面的时候，夫妻二人深情相拥！曼德拉说："这么多年以来，这是我第一次吻抱我的妻子。算起来，我已经有21年没有碰过我夫人的手了。"

南非因为种族隔离政策受到了国际社会的严厉制裁，这一切最终导致南非于1990年解除隔离，实现民族和解。

1990年2月10日，南非总统德克勒克宣布无条件释放曼德拉！1990年2月11日，在监狱中度过了27年的曼德拉重获自由！

出狱当日，曼德拉前往索韦托足球场，向12万人发表了著名的"出狱演说"。

1990年3月，他被非国大全国执委任命为副主席、代行主席职务。

1994年4月，非国大在南非首次不分种族的大选中获胜。

1994年5月9日，在南非首次的多种族大选结果揭晓后，曼德拉成为南非历史上首位黑人总统。

曼德拉在40年来获得了超过一百个奖项。

1993年，他获得了诺贝尔和平奖。

2004年，曼德拉被选为最伟大的南非人。

2013年12月6日，曼德拉在约翰内斯堡住所去世，享年95岁。南非为曼德拉举行国葬，全国降半旗。

整个世界为伟大的曼德拉默哀！

无论是海伦·凯勒，还是曼德拉，都告诉我们，只要勇敢地活着，坚强地活着，奇迹就一定会发生，属于我们每个人自己的光辉岁月就一定会来临！

人生起起伏伏。不忘初心，终生不渝，方得始终。

第三章　找对需要

第一节　人心不足：需要无极限

没有几个人承认自己是贪得无厌的。是为了保护自己呢，还是足够单纯呢？

中国有句俗语，叫作人心不足蛇吞象。

相传宋仁宗年间，有一户人家，孤儿寡母，母亲年迈多病，不但不能干活，连生活都几乎不能自理；儿子名叫王妄，二十好几了还没有娶媳妇，靠打草为生，日子过得非常艰难。

话说这一天，王妄和往常一样到村边打草，猛然发现草丛里有一条小蛇，浑身是伤，昏迷不醒。王妄觉得小蛇非常可怜，就将小蛇带回家疗伤。小蛇苏醒后，竟然冲着王妄点头，以示感恩。母子俩非常高兴，就将小蛇养起来，精心护理。小蛇身体好了，也逐渐长大，王妄母子还总感觉小蛇像是要说话似的，倒是为母子俩的寂寞生活增添了不少乐趣。

一晃几个月无话，王妄还是打草为生，母亲身体倒是好了一些，小蛇不停地成长。

这一天，小蛇可能觉得在屋子里待着没有什么意思，就爬到院子里逛逛。刚好那天天气非常好，阳光灿烂，小蛇的身子被阳光一照，变得又粗又长，像大梁一般。不巧的是，这一情景被王妄的母亲撞见，吓得王母惨叫一声，昏死过去。等到王

101

妄回到家中，小蛇也早已回到了家，恢复了原型，突然用人话和王妄说道："我今天把您的妈妈吓死过去了。您赶快从我身上取下三块小皮，伴一些野草，熬成汤让她老人家喝下去，就会好了。"王妄吓了一跳，不过很快就相信了小蛇的话，但是舍不得这样做。小蛇含泪说道："您救了我，我害死了您的妈妈！我不是成了恩将仇报的人了吗？"王妄流泪照办，王母竟然奇迹般地复原了，身体竟然比以前好多了，不仅生活全部自理，很多活都可以帮着王妄做了。王妄觉得很奇怪，尤其是想起每天晚上都感觉小蛇在放金光，就更觉得这条小蛇非同一般。

话说宋仁宗朝政不理，却总想着玩点新鲜的东西，有大臣说夜明珠很好玩，于是就张榜悬赏献珠之人，定可封官晋爵。王妄听到了这件事情，觉得很好玩，就将这个事情和小蛇说了，并没有任何的想法。但是小蛇听了，却很认真地对王妄说："您救了我的命，对我有救命之恩。我一直想着报答您，现在算是有机会了。我的双眼都是夜明珠，您将我的一只眼睛挖出来，献给宋仁宗，就可以升官发财，全家老小都能过上好日子了。"

王妄和小蛇感情已经非常深厚，哪会有这种想法，坚决不愿意这样做。小蛇反复相劝，王妄终于忍痛挖出小蛇的一只眼睛，将宝珠送给宋仁宗。满朝文武都没有见过如此宝贵的夜明珠，宋仁宗也非常高兴，王妄如愿封官晋爵，也受封了很多金银财宝。

宋仁宗收下夜明珠，据为己有。娘娘也想要一颗。宋仁宗不得已，又贴出告示，能再找来夜明珠的人，可以封为丞相。王妄做官心切，一心琢磨着要是能当上丞相，那该多么风光无限啊！于是，王妄见了皇上，说自己还能找到一颗。皇上大喜过望，毫不犹豫地将丞相之位送给了王妄，坐等夜明珠到来。王妄的卫士去取小蛇的眼睛时，小蛇无论如何也不同意，说必须见王妄才可以。没有办法，王妄亲自来见小蛇。见了王妄，小蛇好言相劝："您既然已经封官晋爵，发了财，就不需要再挖我的眼睛了。"王妄早已身不由己，已经完全顾不上感情和所有一切了。小蛇一见事已至此，只能告诉王妄，请将自己置于院子里，然后由王妄亲自来取眼珠。王妄满口答应，将小蛇放到院中，转回身从卫士手中拿取刀子，发现小蛇已经变身成为无比巨大的蟒蛇，正张着血盆大口。王妄魂飞魄散，瘫软在地，被巨蟒一口吞下。

这就是中国版的"人心不足蛇吞象"！

人心不足蛇吞象的故事应该全世界都有。这不，俄罗斯就有更精彩的版本，那就是尽人皆知的童话《渔夫和金鱼的故事》。

故事我们太熟悉，赘述完全多余。俄罗斯伟大的民族诗人普希金为我们勾画了一个老太婆张扬的人性和无尽的需求，结论自然还是贪心没有好下场。

这样的结论符合我们绝大多数人的胃口。但是，我们常常会忽视甚至回避一个非常重要的问题，那就是，人们都是有无限需求的。一个愿望满足以后，另外一个甚至几个愿望接踵而来，即便是一个愿望没有满足，另外一个或者几个愿望也会不期而至。如果我们能够坦诚地面对自己，请回忆一下，我们什么时候停止了需要和追求？

有多少人比王妄的贪心小呢？有多少人比老太婆的贪心小呢？人原本就是贪心的，因为趋利避害的本性让我们的需要无极限。看起来不"贪心"的人其实不见得真的不贪心，而是贪心被自己或者别人束缚住了而已，无法得到张扬而已。至于是什么束缚住了我们的贪心，各不相同，有时候是经济条件的束缚，有时候是感情的束缚，有时候是法律的束缚，有时候是道德的束缚，有时候是信仰的束缚……

如果没有了各种各样的束缚，我们都会表现出我们五花八门的贪婪：有的人对金钱无比贪婪，有的人对官位无比贪婪，有的人对出名无比贪婪……

人类从来贪心不改：

昨天仅仅希望填饱肚子，今天就希望能够有稳定的收入；刚刚找到了稳定的工作，"想要有个家"的念头马上萦绕心头；即便是没有得到安身立命的家，我们也时时不忘自己的感情寄托，我们也希望有情感归属；我们渴望得到爱，有时候是异性的，有时候是同性的；我们渴望获得尊重，这是一种让我们充满自信的感觉，让我们感到骄傲的感觉；与此同时，我们从没有忘记，我们心怀梦想，我们希望实现自我的价值；我们不仅希望生命代代传承，也希望我们的精神源远流长！

什么时候我们才不再贪心？

不是我们笃信宗教的时候，不是我们身陷囹圄的时候，不是我们看透红尘的时候，不是我们功成名就的时候……除了死亡，我们永远不会停止贪心！即使我们的贪心深埋心中，我们也不是没有贪心，只是贪心没法张扬、没法实现而已。一旦有了机会，我们的贪心就会重新发芽，迅速成长，全面展露。

需要无极限，人类的需要应当被看成是人类历史的原点和第一个前提。

同时，顺应人性，而不是禁欲，是人类历史发展的必然要求。回顾人类发展的历史，时代的发展不是让人们更加禁欲，而是让人们的欲望越来越多地得以释放。人们的欲望和需要，不是宗教的教义可以挡住的，不是制度可以挡住的，不是道德可以挡住的。人类一代又一代的艰苦努力，就是要人类更加文明，就是要制度和道德以及宗教更加人性，就是要尽可能地释放人性的需要，让我们更多的需要得到更好的满足。

但是，由于客观条件的限制，无论到了什么时代，一定程度的禁欲是历史的必然。生活在人群中，就需要秩序和牺牲，就需要我们对自己的需要主动或者被动的克制。资源冲突不断，禁欲和限欲不止。

永恒的矛盾：没有人是不贪心的，但是一个可以为所欲为的世界是不存在的。

第二节　你是什么层次的人

需要无极限，需要有层次。你的层次，就是你的人生高度。

一个失败的人生

世界上最伟大的画家之一，文森特·梵高，真诚，热情，与人为善，珍惜友情，渴望爱情，只因生性怪僻，不懂人情世故，生活中屡屡挫败。

失败的友情。

他邀请挚友高更同居一室，共同创作。结果呢，高更愤世嫉俗，梵高热情如火，双方性格差异过大，争执不可避免，两人同住时间不长，高更愤而离去。挚友的迅速离去让真诚的梵高无法平复自己的情绪，以致精神失常，竟用剃刀割去了自己的半只左耳。

失败的爱情。

梵高似乎有过三段爱情：两段单相思——真正的爱情从来没有开始过；一段真爱，花开过后，果实被现实偷走了。

身居伦敦时，梵高对房东太太的女儿尤金妮亚一见钟情，为之神魂颠倒。

矮矬穷、像个小老头的梵高根本无法博得尤金妮亚的芳心，但他不会察言观色，无法了解这个女人的内心。为了尤金妮亚，梵高甚至改变了自己的个性，不仅有了几分幽默，甚至想方设法要让自己成为惹人喜爱的小伙子。他用尽了一切办法，却换不来尤金妮亚的爱。直到有一天，当梵高发现这个女人躺在别的男人怀里热吻的时候，他才痛苦不堪地离开了伦敦。

梵高的第二个单相思对象是他的表姐凯。表姐凯当时已经是个寡妇，但是她的忧郁的美让梵高沉醉不醒。当梵高终于大胆地向表姐表达了自己的爱时，梵高得到了一个永远的答复：不，永远永远不！

梵高爱情似火，却没有一个人支持他，表姐凯也已逃回阿姆斯特丹。弟弟提奥被梵高纠缠到忍无可忍时，给了梵高去阿姆斯特丹的路费。梵高的舅舅，也就是表姐凯的父亲，坚决不让梵高见到表姐凯。于是，梵高做出了让舅舅无比震惊的举动，将手放在油灯的火焰上灼烧，誓言只要表姐不答应，他的手就不会离开火焰。结果，他很快被送离阿姆斯特丹。

梵高唯一成功的恋爱，对象是克里斯蒂娜，一个妓女。很快，两个需要相互安慰的人就同居了。尽管外人指指点点，两个相爱的人义无反顾地决定：当梵高每月能赚到150法郎时就结婚。

一分钱难倒了英雄汉。提到钱，梵高被打败了。要知道，梵高在世时，只贱卖出过一幅作品：《红色的葡萄园》。

结果，梵高的第三段爱情，也是最真实的一段爱情，被钱打败了。

失败的生命。

1890年7月27日下午，梵高像往常一样，拿着写生工具从旅馆里走出来。他的左手拿的不是画笔，而是一支从别人那里"骗"来的手枪。

当梵高走进麦田的时候，一位农夫也刚好走过麦田小道，听到梵高嘴里嘟囔着："没办法了，没办法了……"

他继续往前走，走进麦穗儿摇摆的麦田深处，将枪弹打入腹部。

枪声在夕阳浸染的麦田上空回荡……

第二天早上，在弟弟提奥的守望中，梵高安静地离开了他守望过三十七年的人世间。

梵高对自己的评价是："痛苦便是人生。我很痛苦，我一生一事无成。"

最高层次：成为我自己

别人对梵高的评价和梵高的自我评价截然不同，例如亨利·福西隆。

亨利·福西隆在论述梵高时说道："他是他时代中最热情和最抒情的画家。……对他来说，一切事物都具有表情、迫切性和吸引力。一切形式、一切面容都具有一种惊人的诗意"，"他感到大自然生命中具有一种神秘的升华，他希望将它捕捉。这一切对他意味着是一个充满狂热和甜蜜的谜，他希望他的艺术能将其吞没一切的热情传达给人类"。

尼采说："成为你自己！"

梵高在他的短暂人生的最后一段时光里，如尼采所言，成了他自己。尽管生活条件非常艰苦，尽管缺乏安全感，尽管被爱遗忘，尽管不被人尊重，梵高在人生的最后一段如熊熊烈火般燃烧的岁月里，成了他自己，实现了自我。

很多人认为尼采的话和梵高的表现准确地解释了马斯洛的自我实现的含义。

自我实现就是一个人充分发挥了自己的潜能，人类最高层次的需要得以满足。

1943年，美国著名心理学家马斯洛先生提出把人类的需求分成生理上的需要、安全上的需要、情感和归属的需要、尊重的需要和自我实现的需要五大类，依次由较低层次到较高层次排列。其中，自我实现是人生的至高境界，正好对应尼采所说的"成为你自己"。

成为自己，梵高做到了。只可惜，梵高实现自己需要的顺序与常人相去太远，这也是梵高的生命难以长久的根本原因。

通常来说，我们的需要的满足大体上会遵循从低级到高级的顺序。

举个例子。

一个乞丐，衣食没有着落，生理需要难以得到有保障的满足，自然不敢奢望太多。随着丐帮的蓬勃发展，这个乞丐的生活渐渐稳定了，不再担心吃喝时，他就希望不要在马路上过居无定所的日子，当然这种"小资"思想不符合丐帮天涯任我行的基本精神，但是"想要有个家"的梦想会时不时地窜出来想和帮规教义较量一番。生理需要获得满足时，安全的需要就格外迫切了。

因为有丐帮兄弟，所以这个乞丐会产生比较不错的归属感，但是多种情感上的需要也会时时涌上心头，尤其是一个成年乞丐，对异性——个别时候也难免是对同性——的情爱的渴望会一天天增强。尽管很多人看不起乞丐，但是被看不起不代表乞丐们不可以有自己爱的梦想和追求。

即使乞丐，也希望获得别人的尊重，不是每一个乞丐都敢奢望成为洪七公，但他们肯定希望能够在丐帮兄弟们面前有一定的发言权，有点儿面子，能够收获小乞丐们的尊重和素昧平生的人们的多看一眼。很多乞丐甚至于希望那些施舍财物的人们也能充分尊重他们的人格。

如果还有可能，那就是人生的至高境界了：实现自己的梦想。乞丐也有梦想，希望成为一个自己想象中的人。例如，一定有不少乞丐希望成为丐帮帮主或者其他级别的领导。

按照马斯洛的说法，人通常是从基本需要的满足开始，然后一步步到自我实现需要的满足。当然，不见得低层次的需要得到满足后，才有高层次需要的满足。有时候一个人会同时产生几种需要，层次各不相同，更高级些的需要可能会在低级别的需要之前获得满足，梵高就是最极端的典型。

通常的逻辑，一个人的高层次需要常常可以获得满足时，说明这个人的各种需要都比较容易获得满足，这个人就是比较自由的人。如果这个人心态也比较好，那幸福就会常伴左右了。

可惜，梵高是为数罕见的例外。

你的层次有多高？你是什么层次的人呢？

你是整日为衣食住行担忧不已，根本无暇于爱与被爱；还是早已衣食无忧，正在为爱疯狂；还是拿着金勺子、活在蜜罐里，正准备为挑战自我而离家出走；还是早已功成名就，惟愿再立历史丰碑？

古人云，人生不如意十之八九。越是高层次的目标，就越是难以实现。低层次的目标没有实现，高层次目标实现的机会和概率就越低。梵高如果没有世界上最伟大的弟弟提奥的支持，就不可能取得无上的艺术成就，就不可能实现自我。

所以，一个人，一个家庭，一个国家，物质条件是根本，精神境界是关键。

子曰："一箪食，一瓢饮，在陋巷，人不堪其忧；回也不改其乐。贤哉，回也！"

孔子肯定了颜回的高层次，却没有解释颜回乐什么，能够乐多长时间。这两个问题圣人可以不关心，我们普通人却不得不关心。

成为我自己：物质条件是根本，精神境界是关键。

第三节　找对需要

找错需要，错误可能就此开始。

你冷，还是你妈妈冷？

刚刚路过幼儿园，偷听到两个小朋友的谈话：第一个小朋友说："为什么挑食的都是孩子，家长怎么都不挑食呢？"第二个小朋友说："他们买的都是自己爱吃的，还挑什么食？"我瞬间石化了，简直是真理啊！

早晨送孩子上学，看到一群小学生，有穿长袖的，有穿薄秋装的，还有穿短袖的。其中有个小姑娘鹤立鸡群竟然穿的是羽绒服！！！有个小男生就问她为什么啊？只见她45度仰望天空幽幽地说："有一种冷，叫你妈觉得你冷。"

这是网络上流传的笑话，略微有一点点儿冷。

孩子们都是哲学家，不是吗？大人们买的都是自己爱吃的，还挑什么食？这就是真理！小朋友们的一句笑话，将小朋友吃饭成问题的问题解释清楚了一大半。

爸爸妈妈们在喂养我们宝贝们的时候，有没有充分考虑过孩子们应该吃什么，应该吃多少，喜欢吃什么，喜欢吃多少？有没有研究过孩子的消化系统的工作原理？有没有细致观察过自己的孩子在消化吸收上有什么特别的地方？想来应该有很多爸爸妈妈没有做到吧？其实，作为一个爸爸，我也没有做到，有很多没有做到。

我们太喜欢想当然了，想当然地认为我们爱吃的，孩子就爱吃；医生和专家说应该吃的，孩子就应该吃。我们何曾充分注意到，孩子和大人是完全不同的，每个孩子是完全不同的，一个孩子的各个成长阶段也是完全不同的！但是，我们的这些"想当然"就在不经意间"糟蹋"了宝贝们的曾经非常健康的胃肠肝脾肾，让宝贝们经历了可以避免的伤痛和挫折。

喂养如此，教育又何尝不是如此？

孩子有孩子的学习方式，每个孩子的学习方式又常常是如此不同。每个孩子的兴趣和爱好也各不相同，在观察、思考、表达和行为的优势上也是大相径庭。但是，大一统国家的政治经济理念渗透到了我们生活中的方方面面，当然也"义不容辞"地渗透到了儿童教育当中，让不少的孩子饱受"求同"之苦，"求同"之累！总有一些孩子因为"特性"突出，最终被正规教育扫地出门，成为大一统教育的失败者。

尊重个体的个性化的需要，尊重每个孩子特有的身心需要，才是教育的高境界。群体教育方式中，教师很难做到对每个孩子因材施教，现实的条件决定了教师这样做几乎不可能。可是，如果我们这些爸爸妈妈们也不能做到尊重自己孩子的个性化需要、自家宝贝特有的身心需要，不可怜吗，不可悲吗？

找对需要

法国著名心理学家约翰·法伯做过一个非常有名的毛毛虫

实验。

他将许多毛毛虫放在了一个花盆的边缘上，首尾相连，围成一圈，还在花盆周围不远处撒了一些毛毛虫喜欢吃的食物。毛毛虫一个跟着一个，绕着花盆边缘一圈圈地转着，一个小时过去了，整整一天过去了……这些毛毛虫还是不舍昼夜，"勤奋"地围绕着花盆转儿转儿，终于精疲力竭，饥饿而死！

约翰·法伯曾设想，毛毛虫或许很快就会厌倦这种无聊透顶的转圈儿生活，然后转身找到它们爱吃的食物，继续它们的绿色田园生活。

现实比心理学家想象得要残酷得多，这些毛毛虫"辜负"了心理学家的一片好心，一个个精疲力竭而亡！

可怕的从众心理！

毛毛虫们认为它们那样做是对的，因为别的毛毛虫都这样做了。于是，一个跟着一个，没有头，没有尾，头连着尾，尾连着头，毛毛虫们走向了生命的边缘，终于命丧黄泉。

你会认为毛毛虫太笨。没关系，换智商高的。

把五只猴子关在一个笼子里，上头有一串香蕉，实验人员装了一个自动装置，一旦探测到有猴子拿香蕉，马上就会有高速水流喷向笼子，五只猴子都会一身湿。有只猴子想去拿香蕉，结果，所有猴子都喷湿了。每只猴子在几次尝试后，发现莫不如此。

猴子们达成了共识：不去拿香蕉，以免被水喷。

后来实验人员把其中一只猴子放出来，换进去一只新猴子A。A看到香蕉，马上要去拿，结果，A被其他四只猴子暴打一顿，因为其他四只猴子认为A会害得他们被水喷。A尝试了几次，没有拿到香蕉，还被打得满头包，放弃了。当然，五只猴子都没有被水喷。

接下来实验人员再把一只旧猴子放出来，换上另外一只新猴子B。B看到香蕉，也迫不及待要去拿。一如前述，其他四只猴子狠揍了B一顿。特别是A，格外卖力。这叫老兵欺负新兵。苦媳妇好不容易熬成婆，忍不住痛下狠手。B试了几次，也被打得很惨，只好作罢。

后来慢慢地，一只一只的，所有的旧猴子都换成了新猴子，但是谁也不敢去动那香蕉。

或许有人会认为，猴子这么傻。大家千万不要忘了，在大千世界的所有动物中，猴子们的大脑和人类的在质量上相当接近。无视猴子的智商就是无视人类的智商。

五个新猴子虽然谁也没有被水喷过，但是它们牢记心头的是，尽管不知道什么理由，它们都在拿香蕉的时候被痛打过。因此，它们不想再考虑为什么挨打，而是尊重大家的意思：既然大家都不拿，自然有道理，从了吧！

"随大流"是我们人类的绝对长项，在这个竞技项目上我们和毛毛虫、猴子们是一个重量级的。随大流是俗名，学名就是从众心理。

现实生活中，随大流是阻碍我们找对需要的重要原因。其实，何止从众心理会阻碍我们找对需要，大千世界中"指引"我们犯错误的因素不胜枚举。

宝洁公司发现德国消费者和香港消费者对于尿布厚薄的需要就经历了一个过程。20世纪80年代，宝洁公司在没有经过实地试营销的情况下，就决定把相同厚度的婴儿尿布推销到香港和德国市场上去。结果，问题出来了，香港消费者反映宝洁公司的尿布太厚，德国消费者反映宝洁公司的尿布太薄。

为什么呢？

尽管香港婴儿和德国婴儿的尿量大体相同，但是问题不是出在婴儿身上，而是出在婴儿的妈妈身上。德国妈妈做事比较制度化，早中晚各换一次尿布，所以感觉尿布薄了。香港妈妈尿布换得勤，自然觉得尿布厚了。

没有充分了解不同市场的区别，保洁公司就找错了市场需求。

现实中，找错需要的例子俯首皆是。

明明不爱，偏偏嫁了；明明不喜欢，偏偏错入了行；人所不欲，我却不知，偏施于人；……

你酷爱吃海鲜，却不知道你的朋友看到海鲜就会过敏。你摆上满桌海鲜，你的朋友却拒开尊口。找错需要的结果，尽人皆知。

结论很郑重：找对需要，就做好一半了。找错需要，可能满盘皆输。失之毫厘，差之千里。

找对需要很难，但必须找到！

生命不息，抉择不止

当上老大，难！

当老大，更难！

这不是：

人人都说皇帝好，其实皇帝也苦恼。

忠奸难辨睡不好，后宫争宠吃不消。

丞相权大管不了，贪污腐败治不了。

最怕地方造反了，身家性命也难保。

不仅皇帝这样的老大难当，所有的老大都没有那么好当。

今天我们要说的这个老大，却是一个天然的老大。您不想当都不行！只不过，这个老大不好当！

我们每个人的大脑都是天生的老大，领导着我们的整个身体——全副武装的自己——整整一辈子。有人活了一辈子，竟然没有感觉到自己当了一辈子的老大，而且是绝对独裁、绝对权威的老大，真是可怜！可叹！可惜！而且，我们这个老大，从来就不怕老二、老三、老四、小二、小三、小四篡权，何其威猛！

然而，给兄弟们当老大，一定不能忘了"我们"是谁！

"我们"是以我们的整个肉身为基础的、以我们的大脑作为老大的、由一帮至死不渝的兄弟们——各种器官和组织倾力支持，而不是友情赞助——组成的有机体。这个有机体是地球上最高级的、最先进的有机体，也是组合最紧密的有机体。

在这个无比高级的有机体中，有两类基本的需要，一种是无意识的需要，另外一种是有意识的需要。由大脑产生的需要通常都是有意识的需要，而不经过大脑指挥的需要我们统称为无意识的需要。大脑是我们整个身体的老大，是"我"的老大，所以我们一般都会无条件地服从大脑的指挥。有意识的需要因为是大脑的需要，是老大的需要，所以在"我"的需要中占据着毫不动摇的老大地位。

117

然而，无意识的需要也是非常重要的。这些小兄弟们虽然至死不渝，跟定大哥，毕竟他们也是有家有口有需要的，也总是有点自己的一些"个人想法"和"特别追求"的。因此，充分尊重各位小兄弟，实在是当老大之道。

　　有时候，我们这个老大当得太"嗨"了，就忘了我们是谁了，甚至不管兄弟们的死活了！其结果，兄弟们不爽，老大才知道自己也会跟着遭殃。最悲剧的结局，也是每天都在上演的故事是，兄弟们过不下去了，老大的地位也就岌岌可危了，"我们"也就难免跟着遭殃。无论社会怎么发展，再牛的高科技也不见得一定能够救得了兄弟们于水火。一旦关键的兄弟们离开了我们，老大的日子也就不长了，我们自然也就离驾鹤西游不远了！

　　当老大，就要有老大的样子，不能光顾自个儿"嗨"，不管兄弟们的死活！

　　当老大，就要为兄弟们谋"福利"，让兄弟们过好日子，有福同享。福从何处来，自然是我们要在老大的带领下，实现"温饱"，奔向"小康"，实现"共同富裕"。三十多年来，中国共产党——中国人的老大——领导中国人民实现了"温饱"，奔向了"小康"，就是当代老大的杰出典范。大脑，就是要让咱们身体里的各个器官组织过好日子。

　　大家都好，才是真的好！

　　当老大，就要对兄弟们尽可能的公平。效率和公平是老大的两大使命。没有效率，兄弟们日子都过不下去，一旦"罢工"后果不堪设想！小心脏说，我要休息片刻，我们受得了吗？所以，发展才是硬道理，效率永远是硬指标。但是，对兄弟们不公平，结果同样可能不堪设想！比如说，大脑如果特别地宠着自己的眼睛，或者宠着自己的耳朵，或者宠着自己的嘴巴，老子几千年前就告诉了我们悲惨的结果：五色令人目盲，五音令人耳盲，五味令人口爽！所以，过于厚此薄彼，迟早会发生动乱的！

当老大，就不可能对兄弟们一碗水端平，总不能脚上开个口子来享受美味，让嘴巴闭紧当脚来走路吧！这时候，我们就要协调好各个兄弟们之间的关系，控制好饭量和食物的构成，不能任由嘴巴享受。同时，我们闲下来的时候也要让腿脚好生休息，让膝盖好生养养，甚至专门找人捏捏脚、捏捏腿，让腿脚也能享受一下幸福惬意的生活。如果老大做到这个份上，兄弟们应该就都没有太多的话说了。

当老大，要注意"倾听"兄弟们的呼声。兄弟们的声音通常并不太大，老大通常难听到这些声音。有些兄弟们嗓门大一些，有点风吹草动就会招呼老大，比如说，腰腿喊酸，眼睛喊疼，肚子喊饿，毕竟老大容易听到这些声音，所以问题在萌芽阶段可能就解决了。会哭的孩子有奶喝啊！有些兄弟们生性无比含蓄，不到情非得已、痛不欲生的时候就不会向老大诉说。一旦开始诉说，就是出大事了。大事一出，老大的江山可能就不保了！！！别让老实人憋得太狠，这句话太有道理了。所以，老大应该每年甚至每半年体检一下，侧耳倾听各个兄弟们都有什么想法，都有什么意见。有价值的意见一定要听。价值不大的意见和建议也要关注，毕竟都是自家兄弟嘛！

当了家，才知道柴米油盐贵、粒粒皆辛苦啊！当了家，才知道众口难调，你碗里的肉不是我的胃想要的！你的风景怎么可能一定养我的眼呢！家家有本经，家家经不同啊！

既然这辈子注定是老大，我们就要看清自己的需要，看清兄弟们的需要，不断做出好选择。这是老大的使命！为了自己，为了兄弟们，为了我们！

做老大，是好！选择，真难！

找对自己的需要，我们就走在合适的道路上；找对别人的需要，人所欲，施于人，是人性的选择。

第四章 看不透的利益

第一节　我们怎么获得利益？

　　我们人类获得的利益主要分三种：无知之福；有知之福；走心之福。

　　利益是需要的满足。什么样的需要获得了满足，就有了什么样的利益。我们人类的需要主要有无意识的需要、有意识的需要和走心的需要三种。对应的利益也就是无知之福、有知之福和走心之福。

无知之福

　　只要是活着的细胞，都会进行呼吸作用。呼吸作用意义非凡。

　　首先，呼吸作用可以为我们人类的生命活动提供能量。呼吸作用释放出来的能量，一部分转变成热能消散在大气中，另一部分储存在ATP（三磷酸腺苷）中。ATP在酶的作用下分解时，就可以将储存的能量释放出来，用于各项生命运动，是生物体内最直接的能量来源。

　　第二，呼吸过程还能为人体内的其他化合物的合成提供原料。比如，在呼吸过程中能够产生一些中间产物，例如葡萄糖分解时所产生的中间产物丙酮酸，就是合成氨基酸的原料。

人类的呼吸过程大致是这样的：

我们通过消耗能量，收缩膈肌和肋间肌，扩张胸廓，降下膈肌，促使胸腔内负压加大，外面的新鲜空气被吸入肺泡内。通过组织的功能，我们又会消耗能量将氧气吸收进入肺毛细血管内，同时将毛细血管内由组织新陈代谢产生的二氧化碳吸收进入肺泡内。同样，我们会消耗一定的能量完成血液运输氧的过程。接下来，我们放松膈肌和肋间肌，让胸廓依靠弹性回收，二氧化碳就由气道排出了体外。

经过亿万年的进化，人类终于获得了一个无比高级的呼吸系统。我们以消费较少的能量为代价，通过呼吸系统的运动，获得了更多的能量。

高级运动方式就是在时刻占着低级运动方式的便宜，这就是世界万物在相互交往中不断追求高级运动方式的根本原因。我们人类确实每分每秒在从自然界中"赚着钱"！

每天都在不停地演绎着数不清的以少得多的案例，我们却从未关注！

不仅不关注，我们全权委托小兄弟们看家护院，老大管都不管这些事情。每天，我们熟睡的时候，我们的小兄弟们也会自觉自愿地帮助我们打理各种差事。造化神奇，让一切显得如此稀松平常！

我们所有的兄弟当中，有个忠心耿耿的二当家，叫植物神经系统。身体没什么特殊情况时，很多事情二当家就全管了，不再向老大汇报。

无意识的利益。

无知之福！

但千万不可无视。

有知之福

获得美味，靠的不是嘴巴，而是我们整个味觉"终端"，主要是味蕾，其次是自由神经末梢。当然，大脑是必须依靠的。

当好味道刺激我们口腔中的味觉感受体——主要是味蕾和自由神经末梢时，我们的味蕾和自由神经末梢就会将一种或者多种刺激通过收集和传递信息的神经感觉系统传导到我们大脑的味觉中枢，经过我们大脑的综合神经中枢系统的分析和判断，最终确定到底是什么味道。

味觉产生过程大致如此。获得好味道乃有意识之福，有知之福。

有知之福和无知之福显然不同。对于那些身在福中不知福之类的利益，我们比较无知，有时候全然无知。可以这样说，我们的身体越健康，我们通常越不清楚我们到底在什么时候、通过什么方式获得了多大的无知之福。尽管有人相信，平平淡淡才是真，但是平平淡淡的味道，乃至我们全然没有知觉的味道，确实太容易被忽视了。

人们要获得味觉上的满足，要获得其他有意识需要的满足，不仅需要"专用"感觉器官的坚定支持，也需要中枢神经系统的全力感受。因为有了中枢神经系统的全力感受，有意识的利益也就产生了。

有知之福，需要用心支持。

走心之福

当某种需要与大脑之外的我们身体上的某种特定器官或者组织的关系越来越远时，这种需要常常也就会与我们的大脑联系越来越紧密。

与大脑相关，我们常常也会说成与心相关，与心灵相关。比如安全的需要，比如归属和爱的需要，比如尊重的需要，比如自我实现的需要，并非不和身体的其他器官相关联，但是这些需要和我们身体关联度最高之处，是我们的心灵。越是层次更高的需要，越是走心，越是离胃肠肝脾肾这些器官组织越远。说得通俗一些，越是高级的需要，越是需要我们的"心"来感受，越是需要我们的"心"来获得！

差不多可以这么说，与日常生理需要越远，与心灵越近。

当我们心爱的人远在异地他乡，夜深人静的时候，我们只能用心来体验这种别离，感受这种思念。

> 看不见你的容颜，才懂思念；
> 听不到你的声音，始知期盼。
> 思念在心中蔓延，每天想你千万遍；
> 世界因你而在，真爱永存心田。

我们可以用心感受喜怒哀乐，可以用心体验酸甜苦辣，可以用心经历悲欢离合，可以用心获得幸福生活……

心事，只有我们人类有。

利益是需要的满足。当身内身外的资源被我们所利用，我们的需要得以满足时，我们就获得了利益。

第二节　奇妙的精神利益

走心之福，就是精神利益。走心走得越纯粹，越是纯粹的精神利益。

感情最丰富的动物

在非洲稀树草原，某探险家曾与一猎豹遭遇，人兽相斗，难解难分，双方均受重创，最后，探险家终因将拳头塞进猎豹的口腔而使猎豹窒息死去。看着这只尽管双目圆睁、却已一动不能动的猎豹，探险家艰难地爬起来，带着一身伤痛，踉跄着跑回营地。

他找到一助手来抬猎豹的死尸，可回到事发地点，大吃一惊，猎豹竟然不见了。循着血迹，他们来到一棵大树前，见树根下有一个动物巢穴，猎豹就在里面，美丽的豹纹清晰可见，鼓捣了老半天，没有动静，原来，猎豹已死，待他们把死猎豹拽出来，都愣住了，猎豹的身后居然还有两只没睁眼的、嗷嗷待哺的小豹。此时，探险家明白了，猎豹之所以死不瞑目、拖着垂死之身赶回巢穴，是为了给两个饥饿的孩子喂上最后一口奶。

白居易写道："谁道群生性命微，一般骨肉一般皮。劝君莫打枝头鸟，子在巢中望母归。"

鲁迅写过这样一首诗："无情未必真豪杰，怜子如何不丈夫？知否兴风狂啸者，回眸时看小於菟。"於菟就是指老虎。即使是兴风狂啸的老虎，也有怜子之情，何况人乎！

　　与动物的情感比起来，人类的情感要丰富得多，深刻得多，色彩斑斓得多。

　　就拿亲情来说吧。尤其是东方的父母，对孩子们的爱无与伦比。愿意给孩子们最好的，愿意为孩子们付出一切，希望自己的孩子成为最棒的，这是大多数东方父母的典型想法。这种情感深度不是猎豹和老虎所能企及的！

　　孩子既是父母肉体的延伸，也的确是父母生命和精神的传承。正因为如此，天下父母深爱子女几无二样。父母常常深深地爱着自己的孩子，而不管孩子爱自己有多少，是不是爱自己。为什么父母给孩子捐肾不会感动多少人，而孩子给父母捐肾就足以感动中国呢？因为能这样做的孩子太稀罕了。几乎没有人会怀疑父母爱不爱自己的孩子，根本不需要讨论的问题。爱得对不对、恰当不恰当才是有价值的话题。

　　父母的爱是一种无比伟大的情感，当然也是父母们伟大的情感需要。这种情感需要既可能给父母捎来无比美好的精神利益，通常也会给孩子们带来无比美好的精神利益。

　　不过，父母和子女之间的情感是人世间最不对等的情感。父母对子女的爱感天动地、润物无声却不求回报；子女对父母的爱不仅逊色太多而且还夹杂着或多或少的道德色彩和文化气息。

　　人世间，还有一种爱，或许短暂，总是姿态万千，却可能是非常平等的，那就是男欢女爱。性爱也好，情爱也好，如果一个男人和一个女人之间真正相恋相爱，他们之间的性爱，一定是互利互惠的，每个人的付出既努力让自己体验最美好的感觉，也努力让对方体验最美好的感觉；他们之间的爱情，也同样可能让双方共同体验人世间最美丽、最迷人的精神感受。美好的性爱和美好的情爱都是人世间弥足珍贵的奢侈品，性不分男女，人不分老幼，在天愿作比翼鸟，在地愿为连理枝。

　　人类的情感自然远远不止这些：我们有伟大的父母之爱，也有情人恋人的难舍难分；我们有刻骨铭心的爱，也有撕心裂肺的恨；我们可能会因为有了五斗米而快乐，也可能会因为没有看到彩虹而忧伤；我们有嫉妒，也有同情；我们有平静，也有张扬……

　　正因为我们有着复杂深刻的情感需要，我们才有了如此丰富多彩的精神利益，精神世界于是美妙绝伦。

坚定的信念是"恐怖分子"

　　什么是信念，信念就是坚定不移的看法。

　　有看法不可怕，看法坚定不移才是非常"可怕"甚至"恐怖"的事情了。

　　有信念还不是最"可怕"的，坚定的信念最"恐怖"！

　　有了坚定的信念，就有了认知上的确定方向和行动上的坚定目标。

　　有这样一个故事，让我们如此直观地感受到，信念竟然是如此"恐怖"的一样东西：

　　　　18世纪的后几十年，只身探险航海之风席卷欧洲，几年中有一百多名德国热血青年，先后加入横渡大西洋的冒险行列。但是这一百多位青年均未生还。

人们当时普遍认为，独身横渡大西洋是完全不可能的。而一位精神病专家林德曼却宣布，他将独身横渡大西洋这一死亡之洋。原因是在医学实践中他发现许多精神病人常常都具有丧失信心、在外界压力下容易精神崩溃的特点。林德曼为此想用自己做个实验，看强化信心对人的肌体和心理会产生什么样的效果。在他独身出航的十几天后，巨浪打断了桅杆，船舱进水。林德曼精疲力尽，周身像被撕成碎片一样疼痛，又由于长期睡眠不足，开始产生幻觉，肢体渐渐失去感觉，在思想中经常出现死去比活着舒服的念头。但他马上就对自己大喊："懦夫，你想死在大海里吗？不！我一定能成功！"在整个航行的日日夜夜，他将"我一定能成功"这句话同自身融为一体。结果被人认为早已葬身鱼腹的林德曼，奇迹般地到达了大西洋彼岸。

事后，他回忆说：以前一百多位先驱者遇难的原因，不是船体的翻覆，不是生理能力到了极限，而是精神上的绝望。他更加确信，人可以通过自我鼓励和自我精神强化战胜肉体上战胜不了的困难。

不过，我们必须认识到，坚定的信念从来都是一把双刃剑。对于一个"好人"——基于一个常常并不十分准确的道德评价来作出的判定——来说，他的坚定信念很可能会给社会带来福利。当然，"好人"也会做坏事，我们应当预先严谨地排除了这种情况。对于一个"坏人"——同样基于一个常常并不十分准确的道德评价来作出的判定——来说，他的信念可能会给人们带来灾难。不信的话，看看绝对恐怖的例子吧。

在1931年的5月7日，纽约市民看到了一桩从未见到过、骇人听闻的围捕格斗！凶手是个烟酒不沾、有"双枪"之称、叫"克劳雷"的罪犯。他被包围，陷落在西末街——他情人的公寓里。克劳雷被捕后，警察总监指出："这暴徒是纽约治安史上最危险的一个罪犯。他杀人，就像切葱一样……他会被判处死刑！"

可是，"双枪"克劳雷认为自己又是何等的一个人呢？当警方围击他藏身的公寓时，克劳雷写了一封公开信，写的时候因伤口流血，使那张纸上留下了他的血迹！克劳雷的信这样写道："在我衣服里面，是一颗疲惫的心……那是仁慈的，一颗不愿意伤害任何人的心。"

在克劳雷这次被捕之前，克劳雷驾着汽车在长岛一条公路上，跟一个女伴调情。那时突然走来一个警察，来到他停着的汽车旁边，说："让我看你的驾驶执照。" 克劳雷不说一句话，拔出他的手枪，就朝那警察连开数枪，那警察倒地而亡。接着克劳雷从汽车里跳了出来，捡起那警察手枪时，又朝地上这具尸体放了一枪。这时，克劳雷说："在我衣服里面，是一颗疲惫的心……是仁慈的，一颗不愿意伤害任何人的心。"

克劳雷被判死刑坐电椅。当他走进受刑室时，你想他会说："这是我杀人作恶的下场？"不，他说的是："我是因为要保卫我自己，才这样做的。"

当一个人的认知被强化成信念，乃至坚定的信念，而这种信念对人们极其有害的时候，对人们就是一种灾难。

一个人的信念已经如此"恐怖"，如果一群人都有这样坚定的信念的时候，或者至少一群人都按照一个信念的指示去行事的时候，那是多么"恐怖"的事情啊！想想二战中的德国士兵和日本士兵吧！

比信念更彪悍的精神需求，是信仰。信仰的伟大力量，能够给人带来无与伦比的精神利益。

信仰是对圣贤的主张、主义或者对神的信服达到数十年如一日的尊重和捍卫，既可以产生无穷无尽的力量，也足以感动整个世界，无论是有同样信仰的人，还是没有太多信仰的人，还是有不同信仰的人。

伟大的修女德蕾莎，感动过整个世界，以至于一个柔弱的女子可以让战火暂时停息。

1982年，以色列和死对头巴勒斯坦人在黎巴嫩发生激烈战斗，德蕾莎修女来到战地指挥官跟前说："为什么你们要互相屠杀呢？村庄里一些妇女和儿童被围困着无法出来。"

战地指挥官回答说："对方不停火，我想停也停不下来啊。"

于是，修女说："那让我领她们出来吧。"她从容地走进双方的交战区。面对这位举世闻名的修女，双方暂时停火，直到她领出37名儿童，战斗才再次爆发。

联合国秘书长听闻此事，叹了口气，说："这事连我也做不到啊！"

这是信仰的力量，也是伟大人格的力量。

精神利益不仅将人与动物区别开，也将人与人区别开。

第三节　走下神坛的道德：道德需要的满足是利益

道德需要是一种特殊的精神需要。道德需要满足了，就是道德利益。神话道德，要么无知，要么别有用心。

活雷锋是怎样炼成的？

说起道德，说起道德高尚的人，不提起雷锋是让人无法容忍的。

雷锋的经历和雷锋日记告诉我们，雷锋是怎样炼成的。

1959年10月的一天，雷锋写道：

> 1958年入厂时候，我只是一个抱着感恩的思想埋头苦干的工人，在生产上只能做到完成自己的任务和达到每天的定额。

雷锋为什么感恩？对谁感恩？从最初的感恩者到成为我们心目中的雷锋，又经历了怎样的过程？

先得看看雷锋的身世。

雷锋出生于湖南省长沙市一个贫苦农民家庭，原名雷正兴，生于1940年。3岁时，爷爷雷新庭被地主活活逼死在春节前夕。5岁时，父亲雷明亮在江边运货路上遭到国民党逃兵的毒打后，因为没钱治病，不久就去世了。11岁的哥哥当童工，不幸染上肺结核，很快离世。剩下的唯一的亲人——雷锋的母亲——在受到地主的凌辱后，在1947年中秋月圆之夜悬梁自尽！

年仅7岁，身世无比凄惨的雷锋成为孤儿！

1949年8月，雷锋的家乡解放了，雷锋结束了痛苦生活，在党和政府的关怀下幸福成长，参加了儿童团，进了学校读书，第一批加入中国共产主义青年团。小学毕业后，雷锋参加了工作，过上了解放前无法想象的生活。

雷锋感恩的最主要原因：没有共产党，就没有新中国，就没有活雷锋。

并且，"在党的教育下，特别是受到党的社会主义建设总路线和全国人民冲天干劲的鼓舞"，雷锋干劲儿越来越高涨。

1959年11月14日，在抢救水泥的日记中，雷锋道出了当时做好事的重要原因：

深夜11点钟了，走出门外，天黑得伸手不见五指，这时突然下起雨来了。陈调度员说，我们建筑焦炉工地上，还散放着7200袋水泥。陈调度员急得一时手足无措。……雨越下越大，这时，我猛然想到了党的教导，要我们爱护国家财产，又想到了我是一个共青团员。想到这些，一种无穷的力量鼓舞着我，急忙跑到工地，用自己的被子，并脱下了衣服，抢着盖在水泥上。后来，我又跑到宿舍，发动了20多个小伙子，组织了一个抢救水泥的突击队，有的忙着找雨布，有的忙着找芦席，盖的盖，抬的抬，经过一场紧张的战斗，避免了国家的财产受到重大的损失。

因为"想起了党的教导"，"又想到了我是一个共青团员"，再加上无限的感恩，所以就有了"一种无穷的力量鼓舞着我"，所以雷锋做了一件并不太容易完成的好事。

雷锋自己的分析可能不全面，我们的附会可能也有问题，但这些并不影响我们讨论雷锋做好事的原因。

有道德的行为通常有"毒"有"害"，可能会对我们的身体或者精神造成损害。在抢救水泥的时候，天很晚了，又下大雨，在这种时候干活，非常累，而且战斗很紧张，这自然是害！

但是，摆在雷锋面前还有另外一个害——道德需要不能满足之害！如果国家财产受到重大的损失，雷锋会觉得自己辜负了党的教导，做了对不起党和人民的事情，觉得自己根本不是共青团员，精神负担无比沉重。

两害同在取其轻，"紧张的战斗"毕竟是暂时之害。在做出了这样的选择之后，雷锋"一点儿也不觉得疲劳，我感到浑身是劲"。

1959 年 11 月 26 日，在获知自己和小伙伴抢救水泥的事迹登上共青团报的时候，雷锋非常高兴：

> 当时，我也和大家同样感到高兴。这对我和大家来说，都是很大的鼓舞。……我这么一点点贡献，比起党对我的要求和希望还是做得很不够的，但是我有决心忘我地劳动，赤胆忠心，不骄不傲地乘胜前进。

多为党做一些工作，这就是我感到最光荣的。

随着时间的推移和雷锋道德需要的日趋强烈，雷锋已经深深地将这些高尚的道德需要内化成和吃饭喝水需要一样的需要，如果这些道德需要没法获得满足，雷锋几乎无法正常地工作、学习和生活。

打个不中听却可能很恰当的比方，雷锋已经"患上了"高尚道德需要"依赖症"，一旦自己不高尚了，身体就会出问题，心里就会不舒服。高尚的道德需要成为雷锋生命中的不可或缺时，活雷锋就炼成了。

于是，就有了伟大领袖的题词：

向雷锋同志学习！

道德常有"毒害"，但是很多人还是愿意与"毒害"共处，直至心甘情愿，直至形成习惯，乃至信念，因为与"毒害"共处时可以带来我们更想要的道德利益，有时候是不得不要的道德利益。

可以看出来，我们的道德需要和道德行为并非源于"人之初，性本善"，而是源于人类创造性的趋利避害的本性，我们的自利本性。利害同在取其利，两害相权取其轻。人们愿意接受什么样的道德，愿意将道德讲到什么程度，关键看利和害在我们心中的较量。当然，如果利害的比较已经在我们心中成为定式，我们的行为就稳定了，变化就难了，我们就有了稳定的道德观念和道德行为。这时候，除非无法抗拒的大利摆在面前，我们不会轻易损毁我们的道德观念和道德行为。

说到底，无论道德多么重要，无论将道德看得多么重要，道德是资源配置和利益平衡的一种工具而已。

让利和争利，趋害和避害，是一切道德的本质问题。

道德败坏有那么难吗？

1971年，美国斯坦福大学社会心理学家菲律普·G·金巴多教授和他的助手为了研究囚犯的社会心理，进行了一项备受争议乃至非议的实验。

研究者们从斯坦福大学招聘本科生志愿者来体验监狱生活，有人充当看守，有人充当犯人。因为报名者非常踊跃，所以研究者们对报名者进行了严格的面试和性格测试。21名出身中产阶级家庭、情绪稳定、思想成熟、遵纪守法的白人学生脱颖而出。经过抓阄，11个学生充当看守，10个学生充当犯人，实验时间为两周。

一个寂静的早晨，"犯人"们被戴上手铐，押上警车，一路驶往警察局。警察局经过登记，犯人们被带往监狱。在被关进牢房之前，犯人们要脱衣检查，听取监狱狱规，穿上囚衣。"看守"们都配上了警服、警棍、手铐、警用哨子和牢房的钥匙。看守们的职责就是要维护监狱里的秩序，在必要的时候看守们可以自主决定制服这些犯人们的方法。

当天晚上，典狱长召集看守们在一起，讨论并制定了16种管理囚犯的方法，例如在吃饭、休息和关灯之后应当保持沉默；不允许在非就餐时间吃饭；不允许在放风时说话；囚犯之间只能以号码称呼对方；囚犯看到看守之后必须立正站好；等等。不论什么原因，只要囚犯触犯了各种管理条例，就会招致惩罚。

两天以后，看守和囚犯的关系就紧张起来了。看守们认为这些囚犯是自己的管制对象，他们都是坏蛋，而且十分危险，囚犯们则认为看守们是流氓，是施虐狂。

一个看守后来回忆说："我自己也感到非常奇怪……我故意挑拨他们，让他们彼此对打对骂，并且命令他们赤手空拳清洗便池。在我的眼中，这些犯人就是牲口。我不断地提醒自己说，得看管他们严格一些，以免他们图谋不轨。"

几天以后，囚犯们忍无可忍，组织了一次反抗活动。他们把身上的囚徒号码撕掉了，用床顶住了门不让看守们进来。在这次冲突中，看守们使用了灭火器，将灭火器干粉喷到囚犯们的脸上，迫使他们从囚室的门边撤退，接着撞开囚室，剥掉他们的衣服，拆毁他们的床铺，罚这些囚犯靠墙站立，狠狠地教训了这些人一番。

此后，看守们的看管越来越严厉，经常会在半夜三更突然提审犯人，诱使他们相互揭发，逼迫他们相互施虐，迫使他们从事无聊的和无用的劳动，还会因为"不守规定"而惩罚这些犯人。受到羞辱的囚徒对不公的处罚开始变得习以为常，一些人渐渐觉得大脑迟钝、反应失常，其中一个囚犯已经达到非常严重的程度，以至于在第5天时，实验者不得不把他提前放出去了。

看守们的思想中迅速形成的施虐心理大大出乎金巴多的意料之外，连这些看守们本人也对自己的心理变化感到非常的惊讶。

其中一位看守者在此之前自认为是和平主义者，从来没有主动攻击过别人，更无法想象自己会对他人施虐。他把自己这种心理的变化记录在第5天的日记里："我把这个囚犯挑选出来进行特别处罚，因为他应该受到这样的处罚，也因为我特别厌恶他。新囚犯不喜欢吃这种香肠，我命令他必须吃，可他说什么就是不吃。我把香肠硬是塞进了他的嘴里……我无法想象我竟能干出这样的事情。我感到内疚，也感到非常窝火。"

金巴多自己也不得不承认，这次模拟监狱体验的最令人吃惊的结果是，在这些温文尔雅的绅士身上竟能如此容易地激发出施虐行为，而在这些经过测试被认为情绪稳定、思想成熟和遵守法纪的人当中，竟然会这么快地蔓延开一种传染力极强的情绪状况。

模拟监狱体验进行了不到一周时间，出于慎重考虑，实验者突然宣布中断实验。即使是半途而废，他们仍认为这次实验有着非常重要的价值。特别是这个实验让我们发现，本来是经过精挑细选的、经过高等教育的优秀年轻人在"监狱环境"的团体压力下迅速地发生改变是一件多么容易的事情。

上面的这个实验说的是道德的"败落"，其实也是这些年轻人的道德形成和转变的过程。道德水平从来都是这样，总是在不断地变化的。从此以后，说别人道德高尚，或者说别人是卑鄙小人，真的要慎重些了。

万恶的"自利"：千古奇冤何时了

常年和坏人在一起，再好的人也不招人待见。心理学和营销学都告诉我们，这是真理。

"自利"就是如此，躺着也中枪。自从身不由己地被"自私"锁定为"铁哥们儿"了以后，就永无出头之日了。

是中国人都知道窦娥冤，窦娥冤得"六月飞雪"。但是，有多少人知道，比窦娥冤枉一千倍一万倍的是"自利"。千百年来，自利一直被死死地和自私钉在一起，钉在耻辱柱上，从来摆脱不了道德上的恶评。

自私压根儿不是一个科学的概念，而是一个道德概念，但是却能把一个科学的概念——自利——牢牢捆绑数千年。自然界和人类社会的神奇从来如此。

许多近水楼台先得月的经济学家们坚定地认为，经济学上的理性人假设是建立在人性自利基础上，因此自利和自私根本不同。

但是，大家都知道文化和习惯的力量。即便是经济学家们已经将自利从浓浓的道德"溶液"中漂洗出来，差不多都漂洗干净了，漂白了，将自利作为经济人和理性人的基本特征来看待，但是几千年来，自私自利的故事还是讲了一个又一个，重复了一次又一次！

个人总是，并且也不可能不是从自己本身出发，来思考问题和采取行动。推动我们去从事一切活动的，都需要通过我们自己，通过我们自己的头脑。换句话说，每个人都是自利的，都会首先是站在自己的角度上来思考问题和处理问题的。

看一个差点被吐沫淹死的人吧，曾经厦门的李医生（很快就已经不是医生了）。

她的几个微博：

"事实证明，我的RP（人品）实在是太好了呀。昨晚家属无数次要求拔掉输液管让病人安心而去，我一再拒绝，硬是把她的生命延续到了今天，在我下班的时候她开始吐血，估计也就是这几个小时的事了，反正不关我事了，我下班了，噢耶耶耶。"

"测试人品的时刻到了，有个病人的血氧在往下跌，半夜极有可能要起床收尸……这大冷天的，我暖个被窝也不容易，您就等我下班再死，好不？"

"今晚来上班收到的最好消息！病人下午2：10宣布临床死亡！今晚可以睡个好觉！明天可以出游了！"

李医生对生命确实不尊重，足够可恶，她当医生确实会让人不放心。第一个微博比较有问题，如果仅仅是为了不让病人在自己值班的时候死去，就"一再拒绝"拔掉输液管，良心何在！当然，作为一个医生，到底能不能拔掉输液管，是另外一个问题，这里姑且不论。

那么多人对曾经的李医生进行了批评和痛骂，我的吐沫自然可以省下。我这里想说一句公道话：除了少数的视任何病人为亲人、将医生的职业真正视为无比崇高的事业并且常年如此的医生，有几个夜间值班的医生不希望睡个好觉呢？并且，即使是道德非常高尚的医生，会不希望晚上多休息休息吗？

请站在一个夜间值班医生的角度重新思考一下李医生的微博吧。

如果一个住院病人死亡，当班医生要办很多手续。首先，病人病情出现状况时，无论如何必须进行全力抢救，这是对病人生命最后的挽救。如果经抢救无效病人死亡，当班医生要写详细的病程记录、抢救记录、死亡记录并通知病人家属、告知病人家属相关情况……夜间值班医生的工作不可能因为是夜晚而和白天有什么可以减少。

白班和晚班的一个重要区别是白班肯定不能睡觉，而很多医院的值班医生晚上是可以睡觉的，至少这样做是被默许的。没有几个夜班值班医生愿意在晚上时不时爬起来，做这做那，即便是这些事情就是他们的工作。从厦门李医生的微博来看，李医生当然也会这样想。白班医生和夜班医生都希望工作更轻松，没有二样。

第二个问题，如果你是一个医生，天天都会碰到危重病人，隔不到一两天就会送终一两个病人，你还会那样悲痛欲绝吗？早就麻木了。就好比残酷的战争年代，当战友们成批成批死去的时候，你对于死亡也必然一天比一天麻木。如果说李医生冷漠，那么在火葬场工作的人就更冷漠了。李医生不够尊重生命，肯定不到十恶不赦。夜班医生的艰难，特别是夜间急诊科医生的艰难，或许只有他们自己和他们的家人清楚。李医生对于生命的不敬和对于病人的不尊重着实可恶，但是还是可以教育的吧。但是，李医生终于被媒体和自媒体们"判了死刑"，医院的领导作为执行者，很快就将李医生"杀"进洗衣房了。

无论是汶川地震中的范跑跑，还是厦门的李医生，那些道德无比高尚的领导们总能找到比较适当的理由，根据"广大人民群众"的意愿，"绞杀"了他们，连同他们以及我们所有人身上都有的其实绝对不算罪过的"自利"本性！

他们做了什么？只是把不合时宜的心里话说了出来，而且声音不合时宜得大了些，接着又被媒体和自媒体们无限放大了。这些心里话，想来很多人心里都有，忍住不说，祸就远了。祸从口出！

自利得罪谁了，如此触犯众怒？

得罪的是我们所有人！

本是同根生，相煎何太急？

现实生活远比我们想象得要残酷得多！在男权时代，妇女们因为没有守住"贞洁"，不仅会被吐沫淹死，甚至被施以法律上的极刑，让现代有良知的人们心凉透顶！女人和男人一样，都有性的需要，可是她们的自利要求在男权们的集体自利需要面前，粪土都不是！

我无比尊重道德楷模们，是他们和先进的科学文化一起，让这个世界充满了爱，充满了感恩，充满了深情厚谊，让人类社会不断发展！

但是，包括道德楷模们在内，我们每一个人的血液中流淌得最多的还是一个普通人的鲜血，我们无论在生活中、工作中、学习中，百分之九十九的时间里都没有将自己升华成一个纯粹的人、一个大公无私的人。

既然如此，就不用这么苛求我们这些普通人了！更何况，如果条件允许，如果没有原则性的错误，张扬人性才是我们每个人内心的真正追求。

否定自利，其实连圣人也反对，不是吗？

有一天，孔子的一个学生在河边上走，忽然听到有人大喊救命，原来有人落水了。他纵身跳入激流，把溺水者救上岸。被救者的家属非常感激，赠给他一头牛。那时候一头牛是很值钱的。这个学生就高高兴兴把牛牵回了家。这时有人议论说："这个人下水救人固然不错，但心太贪，那么贵重的东西也敢要。"孔子知道这件事，表扬了这个学生。

为什么要表扬这个学生呢？孔子说："因为他的行为向社会宣告：只要你舍己救人，给你多高的奖赏你都可以接受，这就会鼓励更多的人在碰到这种危难时奋不顾身地去救人。"

只可惜，孔子的话流传不广。

现实是，自利一天申冤不得，说话就要倍加小心。

前车之鉴，后车必循！

看来，少动嘴，勤用腿，不仅适合中医养生，也适合社会关系学。

话还是少说得好！

人永远是自利的，没有人的道德水平是恒定的。

第五章　没有资源，人生怎能淡定

第一节　看钱看到多重才是恰好

钱是好东西，却是身外之物，看到多重才是恰好，困惑了世世代代的人们。

钱是什么东西？

钱是什么东西？还是先请守财奴用实际行动来解释一下吧。

葛朗台一生只眷恋金钱，向来认钱不认人。侄子查理因为父亲的破产自杀，哭得死去活来，葛朗台理智地说道：这年轻人是个无用之辈，在他的心里只有死人，没有钱。因为在葛朗台看来，对于父亲的死，查理完全不必伤心，他应该伤心的是，他将从此成为一贫如洗的破落子弟，并且还得为死去的父亲背负上四万法郎的债。

人死事小，失财事大！太太要自杀，葛朗台泰然处之，但是一想到自己会因此失去大笔遗产，他就发了毛。于是，葛朗台千方百计抢来了女儿欧也妮对母亲财产的继承权，并惺惺作态，向女儿许诺，每月有100法郎的"大利钱"。可是，一年下来，女儿没有拿到葛朗台的一个子儿。太太生命垂危之际，他唯一的顾虑就是治疗："要不要花很多的钱！"

他花了两三年的时间，终于用自己的"吝啬作风"把女儿训练成熟，并且内化成为女儿的习惯，他才放心地把伙食房的钥匙交给她。

贯穿葛朗台一生的其实就是两个字：金子。他爱金子，骗金子，夺金子。金子，浸透了他卑鄙的灵魂，支配了他一生的行为，占有了他全部的生命。葛朗台是个金子的占有狂，是个勤于掩盖自己利欲熏心的伪君子，是个为了金钱杀人不眨眼的刽子手。他的种种丑陋表演，忽喜忽怒，忽恶忽善，但万变不离其宗，只能表明他是个视财如命的守财奴。

最可悲的是，葛朗台把全部的爱奉献给了冰冷的金钱，而把一切冷漠无情留给了自己，并通过自己又把一切冷漠无情施予所有人。金钱和财富是用来让我们享受的，而不是将我们锻造成奴隶的。守财尚可以理解，成为财富的奴隶就是人间悲剧了！

葛朗台不仅做到了，而且做到了极致。不信，看看临终的葛朗台吧：

从清早起，他教人家把他的转椅，在卧室的壁炉和密室的门中间推来推去，密室里头不用说是堆满了金子的。他一动不动地待在那儿，极不放心地把看他的人和装了铁皮的门，轮流瞧着。听到一点儿响动，他就要人家报告原委；而且使公证人大为吃惊的是，他连狗在院子里打哈欠都听得见。他好像迷迷糊糊地神志不清，可是一到人家该送田租来，跟管庄园的算账，或者出立收据的日子与时间，他会立刻清醒。于是他推动转椅，直到密室门口。他教女儿把门打开，监督她亲自把一袋袋的钱秘密地堆好，把门关严。然后他又一声不出地回到原来的位置，只要女儿把那个宝贵的钥匙交还了他，藏在背心袋里，不时用手摸一下。他的老朋友公证人觉得，倘使查理·葛朗台不回来，这个有钱的独养女儿稳是嫁给他当所长的侄儿的了，所以他招呼得加倍殷勤，天天来听葛朗台差遣，奉命到法劳丰，到各处的田地、草原、葡萄园去，代葛朗台卖掉收成，把暗中积在密室里的成袋的钱，兑成金子。

末了，终于到了弥留的时候，那几日老头儿结实的身子进入了毁灭的阶段。他要坐在火炉旁边，密室之前。他把身上的被一齐拉紧，裹紧，嘴里对拿侬说着：

"裹紧，裹紧，别给人家偷了我的东西。"

他所有的生命力都退守在眼睛里了，他能够睁开眼的时候，眼光立刻转到满屋财宝的密室门上：

"在那里吗？在那里吗？"问话的声音显出他惊慌得厉害。

"在那里呢，父亲。"

"你看住金子！……拿来放在我面前！"

欧也妮把金路易铺在桌上，他几小时地用眼睛盯着，好像一个才知道观看的孩子呆望着同一件东西；也像孩子一般，他露出一点儿很吃力的笑意。有时他说一句：

"怎样好教我心里暖和！"脸上的表情仿佛进了极乐世界。

本区的教士来给他做临终法事的时候，十字架、烛台和银镶的圣水壶一出现，似乎已经死去几小时的已经立刻复活了，目不转睛地瞧着那些法器，他的肉瘤也最后地动了一动。神甫把镀金的十字架送到他唇边，给他亲吻基督的圣像，他却作了一个骇人的姿势想把十字架抓在手里，这一下最后的努力送了他的命。他唤着欧也妮，欧也妮跪在前面，流着泪吻着他已经冰冷的手，可是他看不见。

"父亲，祝福我啊。"

"把一切照顾得好好的！到那边来向我交账！"这最后一句证明基督教应该是守财奴的宗教。

看着如此荒唐的人间喜剧，我们鄙视守财奴，我们鄙视葛朗台，可是我们又人人都爱钱，人人都缺钱。很多人希望倾天下财产于麾下，为了金钱我们很多时候和葛朗台一样，愿意做牛做马，愿意哪怕成为金钱的奴隶！

不禁要问：钱究竟是什么东西？

看钱看到多重才是恰好

方圆35平方公里，人口3.5万，南有"钱庄"——工业区，北有"粮仓"——农业区，中间是村民生活的"天堂"——生活区，全村总资产超过160亿元，年销售收入超过500亿元，上缴利税超过8亿元。

去过华西村的人都会被华西村的经济发展深深震撼。

2011年9月10日，华西村形象宣传片亮相美国纽约，以"新农村、新中国"为主题向世界诠释了一个传统与现代气息交融的中国新农村形象。两个月内，每天五十次播放频率的形象宣传片，拨动着从世界各地来到纽约的游人们，抒发着华西人跨出国门、走向世界的凌云壮志。

1928年出生的吴仁宝，自1957年担任江阴华西村党支部书记以来，将一个贫穷落后的小村庄建设成享誉海内外的"天下第一村"。吴仁宝因此被称为"中国最有名的农民"，2005年成为美国《时代周刊》封面人物。

在如此富有的"天下第一村"当书记，吴仁宝完全可以获得亿贯家私。但是，吴仁宝充分意识到钱是身外之物。

这不，在华西村的村口，竖有一面巨大的宣传牌，上面书写着吴仁宝的两句名言："家有黄金数吨，一天也只能吃三顿；豪华房子独占鳌头，一人也只占一个床位"。

听起来，似乎一天三顿饱饭，有个屋子住，就挺好了，钱不重要。

你要是真这么理解，就被吴仁宝骗了。吴仁宝既不是《论语》中的颜回，也绝对不会认为有吃有喝有住就好了，否则他就不会在20世纪60年代末"以粮为纲"的口号中，不听话地率领村民办起"地下工厂"，并且一干就是十年；否则他就不会率领华西人一步步从富裕走向富裕，直至首富。

很多人对吴仁宝的话推崇备至，但他的名言大致只说明了两个问题：一、生理需要是要花钱的；二、生理需要是花钱不多的。

然而，人不仅有生理需要，还有安全需要、归属和爱的需要、尊重的需要和自我实现的需要。这些需要就在那里，潜水也好，伸头也好，等着我们去满足呢。我们拼命挣钱，一些人甚至当了守财奴，却都是为了满足我们无尽的需要。

钱真的太重要了。那么，我们到底该把钱看得多重才好？

生理需要花不了太多钱，尽人皆知，不赘述。

安全的需要呢？比如居有定所的需要。

国人讲究安居乐业，比起租房来，国人更喜欢在自住房中安居乐业。假设我们在伟大祖国的首都租一套房子，少则两三千，多则万儿八千，钱会每月随着室温飘去。如果我们在帝都买一套房子，安全感强多了，但三五百万也在一瞬间消失了。

三百万是什么概念？

假设一个人一个月税后工资两万元，一年二十四万元，我们需要十二年半才能挣到三百万，记着，是税后，要求不吃不喝。此处忽略我们贪婪的胃和他们贪婪的银行。

您的月工资有税后两万元吗？

还有归属和爱的需要，尊重的需要，自我实现的需要。这些需要的满足岂止要钱，又岂止要一星半点的钱。越是有追求的人，对这个问题越会有深刻的感觉。

于是乎，说"钱他妈的是王八蛋""钱是身外之物"的人，是不是可以不要那么虚伪啦。其实，说钱是王八蛋，通常表明想挣钱挣不到，咬牙喷愤而已。

问题真的来了，看钱看到多重才是恰好？

要想回答好这个问题，其实是要弄清楚，钱是什么东西。

要弄清楚钱是什么东西，其实是要弄清楚，资源和利益的区别。

资源不是利益

资源是利益的亲兄弟，但是资源并不就是利益。利益是需要的满足。资源呢？

资源是或迟或早可能为我们带来利益的存在，或者正在为我们带来利益的存在。世间万事万物，包括我们自己，都是我们的资源：我的姑姑舅舅表姐是我的资源，我的同学校友老乡是我的资源，我的牙膏茶杯眼镜是我的资源，我的金银财宝是我的资源，我的土地房产是我的资源，我的书本电脑是我的资源，我的胃肠肝脾肾是我的资源，我的身高容颜是我的资源……这些身内身外各式各样的资源，组成了我的资源的全部。

亲兄弟必须明算账。资源可以帮助我们带来利益，但是资源并不是利益。

拿钱来说吧。

对于生理需要来说，钱肯定是资源，不是利益，因为钱不能吃不能喝。即便能吃能喝如面包牛奶，那也是资源，而不是利益。利益是需要的满足，资源是帮助我们满足需要的存在。所以对于生理需要来说，一切都是资源。

对于接下来的安全需要和更高层次的需要呢？有任何不同吗？没有多大不同。钱都是满足需要的资源。有了钱，我们可以直接获得安全感，可以买了房子住而获得安全感，可能获得归属需要和爱的需要的满足，甚至于钱可以帮助我们实现自我。所以对于一切需要来说，钱都是资源。

弄明白我们平时所说的利益几乎都是资源的时候，比如说钱不是利益而是资源的时候，我们就可以讨论刚才提到的问题了：看钱看到多重才是恰好？或者说，看资源看到多重才是恰好？

第一，资源可以分成两大类，身内资源和身外资源。

一辈子跟着我们，赤条条来、赤条条去的就是身内资源。除了身内资源之外的其他一切资源，都是身外资源，也就是我们常说的身外之物。

人们常说，钱是身外之物。但凡身外资源，都是身外之物。但是没有身外之物，身内资源如何让我们享受人生呢？

身内资源更重要。没有了身内资源，一切身外资源都是泡影！

身内资源也可以分为两类：一类是必不可少类，比如眼睛、人脑、人的心脏；另一类是可以缺少类，或者说可以替代类，比如人的四肢。这种分类方法具有很强的历史感，因为这种分类完全依赖现代科技尤其是医学发展。随着时代和科技的发展，对于人类而言，必不可少的东西越来越少，可以替代的器官和功能越来越多了。不过，话又说回来，相比人的组织器官来说，"小三儿"再美，也难顶上原配。

当然，身内资源似乎还可以有一类，或许可以称为可有可无类。曾经盛传一些日本人很小的时候就把阑尾给切掉了，是不是可以将阑尾之类的器官归为此类呢？过长的头发和指甲似乎也可以归为此类，但是从审美的角度来说，飘逸的头发和美丽的指甲感觉比传说中日本人的阑尾更重要。我不懂医学，不能妄言。

第二，看钱看到适度才是恰好。

俗话说，有钱能使鬼推磨。不看钱重些，几乎什么事情都做不成。总有些人骂另外一些人拜金，骂另外一些人只认识钱。扪心自问一下，自己怎么想的，自己怎么做的，就不会那么猖狂叫骂了。有些痛骂别人拜金的人却通过各种手段敛财无数，更是卑鄙无耻让人无语了，无非是当了婊子又想立个好牌坊而已。

但是，钱不是万能的。人世间毕竟有太多的事情无法用钱来买到，更不用说很多资源我们可能一辈子都用不上。当达到

154

一定的极限时，一个人拥有的资源再多，他所获得的利益也不会有多大变化。很多人混淆了资源和利益的差别，将资源认为就是利益，是一码事儿，于是拼命追求资源，忽视了真正需要的满足，从而走上了一条本可以不走的道路，甚至不归路。

另外，在资源流动性越来越强的年代，也不应该把身外的资源看得太重了。山不转水转，三年河东三年河西，只要身体健康，精神正常，总有机会获得更多更好的资源。

于是有了赚钱的基本原则：

一，拿钱也买不回来的资源，不要拿去赚钱；

二，难买回来的资源，最好不拿出去赚钱；

三，钱容易买到的资源，敬请随意啦，想怎么换就怎么换。

例子总是更容易说明问题：

一，命买不回来，所以不要卖命挣钱。

二，有的健康不好拿钱换回来，因为有的健康没了，命就难保了，所以不要随意毁掉健康挣钱。

三，亲情、爱情、友情不好买回来，诚实守信不好买回来，不建议随意拿出来赚钱。一定要拿来换钱时，千万千万三思而后行。

四，其他的呢，比如脸面，是否可以拿出来换钱，仁者见仁智者见智，自己掌握吧！

冲突的是资源，不是利益

我饿极了，想吃饭。你饿极了，想吃饭。桌上只有一小块面包，还没法分开吃。谁能吃到这块面包？

冲突的是什么？

是资源，不是利益。但资源冲突最终会影响到我们的利益。

资源冲突首先是个计算机术语，简单地说，就是指不同的应用程序或者硬件使用了相同的系统资源而造成系统工作异常。

生活中的资源冲突要复杂些。

我想和朋友们一起去打篮球，又想自己抓紧时间复习考试：同一时间，同一个人，分身无术；我想骑车去郊游，你想骑车去市中心：同一时间，同一辆车，分车无术；两个男孩儿同时爱上了一个女孩儿，每天都在发生的故事：同一个对象，无数个追求，有了资源冲突。

资源冲突可以分成四种类型：

第一，分身无术。

我们总是在同一时间有很多种需要，自己想打篮球，想看甲A足球联赛，女朋友缠着去逛街，老板嘱咐让尽快将活干完……分身乏术啊！

第二，无本钱，皆枉然。

自己有精力，有时间，想买的面包、红酒、房子、车子就在那里，缺的是交换资源的钱。世界上最远的距离是，你和想要的资源近在咫尺，却天各一方，难以得到。

第三，血拼资源。

为了资源，大家血拼到底。你出八百，我拿一千；你请来观音，我跪拜佛祖。当然，钱不是万能的，血拼追女孩儿时，总有一些高富帅们会有这种感受。

第四，没有想要的资源。

鲁宾逊乘船离家出走，在委内瑞拉的奥利诺科河口遭遇船难，成为唯一的幸存者。随后，他游到了一个荒无人烟的岛屿上，并在那里常年生活。纵然他有金银无数，孤岛上也买不来人类的产品。没有想要的资源，有钱也没用。一个富翁在病入膏肓的时候，碰到的就是这种情况，再有钱，也买不来健康，买不到起死回生的药了。

有些资源冲突小，比如丰富的公共资源。你可以利用路灯行走，我可以利用路灯行车，相互间几乎没有影响。你可以进入免费公园，我也可以，人迹罕至的公园对于游人而言，几乎没有资源冲突。

有些资源可以共享，比如一首歌。我唱得声音大一些，就有更多的人可以欣赏到。如果将一首歌放到网上让人免费收听，可以有更多的人共享。

有些资源甚至于不会发生资源冲突。

萧伯纳曾经说过："两个人各拿着一个苹果，互相交换，每个人仍然只有一个苹果；两个人各自拥有一个思想，互相交换，每个人就拥有两个思想。"这可以看作满足精神需要的资源和满足生理性需要的资源的根本区别。我们拥有的健康的、积极向上的情感，可以传染给别人，而我们的健康的、积极向上的情感却不会因此而减少，反倒会增多。精神需求所需要的资源常常可以共享。

资源冲突是常态，资源共享也是常态，这是世界如此奇妙的重要原因。

有生之年的三大中心工作：一，管理好身内资源；二，获取身外资源；三，享用资源，享受人生。

第二节 无"本钱"，皆枉然；有资源，享"特权"

巧妇难为无米炊，贫贱夫妻百事哀。离开资源，一切梦想都是空想。

我奋斗了18年，才可以和你一起喝咖啡

著名网络写手麦子发表过一篇文章《我奋斗了18年，才可以和你一起喝咖啡》，诉说了一个农村小伙子和城里人之间的差距。

麦子写道，从出生那一刻起，农村孩子和城里孩子在身份上就有了天壤之别：农村孩子无法在城里找到一份正式工作，无法享受养老保险、医疗保险。

考大学几乎是像我这样的农村孩子跳出农门的唯一途径，上高中的第一天，校长就告诉我，高中三年的唯一目标就是——高考。于是，我披星戴月，早上5：30起床，晚上11：00睡觉，就连中秋节的晚上，我还在路灯下背政治题；而你，"可以有充足的时间去发展个人爱好，去读课外读物，去球场挥汗如雨，去野外享受蓝天白云"，因为升学压力要小得多得多——即便是成绩再差，"也会被'扫'进一所本地三流大学"！而这种三流大学，对于我这样的外地农村人，想进还是很难！

我和你的考卷是一样的，但是分数线却不一样。并且，尽管农村人收入低，但是对于我来说，学费和你却又是一样的，在这个问题上毫无歧视农村人的意思：

每人每年6000元，四年下来光学费就要2.4万元，再加上住宿费每人每年1500元，还有书本教材费每年1000元、生活费每年4000元（只吃学校食堂），四年总共5万元。

2003年上海某大学以"新建的松江校区环境优良"为由，将学费提高到每人每年1万元，这就意味着仅学费一项四年就要4万元，再加上其他费用，总共6.6万元。6.6万元对于一个上海城市家庭来说也许算不上沉重的负担，可是对于一个农村的家庭，这简直是一辈子的积蓄。我的家乡在东部沿海开放省份，是一个农业大省，相比西部内陆省份应该说经济水平还算比较好，但一年辛苦劳作也剩不了几个钱。以供养两个孩子的四口之家为例，除去各种日常必需开支，一个家庭每年最多积蓄3000元，那么6.6万元上大学的费用意味着22年的积蓄！前提是任何一个家庭成员都不能生大病，而且另一个孩子无论学习成绩多么优秀，都必须剥夺他上大学的权利，因为家里只能提供这么多钱。

我很幸运，毕竟终于凑齐了第一年的学费。而另外一些"我"们（指农村孩子）手握录取通知书，却凑不齐学费，几近绝望：学习成绩必须优秀，家庭还必须富裕！

幸运的我上学以后才发现，第一，我是一个赤贫的人！

努力学习获得奖学金，假期打工挣点生活费，我实在不忍心多拿父母一分钱，那每一分钱都是一滴汗珠掉在地上摔成八瓣挣来的血汗钱啊！

第二，我真的是土得掉渣！

来到上海这个大都市，我发现与我的同学相比我真是土得掉渣。我不会作画，不会演奏乐器，不认识港台明星，没看过武侠小说，不认得MP3，不知道什么是walkman，为了弄明白营销管理课上讲的"仓储式超市"的概念，我在"麦德隆"好奇地看了一天，我从来没见过如此丰富的商品。

我没摸过计算机，为此我花了半年时间泡在学校机房里学习你在中学里就学会的基础知识和操作技能。我的英语是聋子英语、哑巴英语，我的发音中国人和外国人都听不懂，这也不能怪我，我们家乡没有外教，老师自己都读不准，怎么可能教会学生如何正确发音？基础没打好，我只能再花一年时间矫正我的发音。……

我可以忍受你们的嘲笑，可以几个星期不间断"享受"后工业时代的纯素食待遇，可以在周末你们尽情享受生活的时候坐在图书馆和自习室里，可以在你们的休闲时间里打工挣钱，只为了有一天——

我也能成了你们！！！

终于毕业了，我也庆幸没有立即失业，但是每个月2000元左右的工资除了交水电煤气费、电话费，还助学贷款，交房租钱，给家里寄点钱给弟妹继续读书，剩下的钱只够勉强吃盖浇饭了！

说到辛酸处，不愿再抬头！作为在大城市中为了大城市和国家的建设而辛勤耕耘的"蚁族"，我在现实面前常常被压得喘不过气来，心情有时候会格外的沉重！

我奋斗了18年，还是不能和你一起喝咖啡

奋斗18年了，其实我还是不能和你坐在一起喝咖啡！！！

不信吗？

请看看另外一篇文章《我奋斗了18年，不是为了和你坐在一起喝咖啡》：

同样是硕士毕业，你对大学期间曾经热衷的创业意兴阑珊，进入一家国有通信公司，我被一家外企聘用。我以为，我扳回了一局。因为，明面上的工资，我比你超出一截，税后8000元，出差住五星级宾馆，一年带薪年休假10天。于是，我玩命地投入工作，坚信几年后能够过上曾经梦想过的童话般的生活，但是很快，我就知道，"白领"确实是一句骂人的话：

> 写字楼的套餐，标价35，几乎没人搭理它。午餐时间，最抢手的是各层拐角处的微波炉，"白领"们端着带来的便当，排起了长长的队伍。后来，物业允许快餐公司入驻，又出现了"千人排队等丽华"的

盛况。这些月入近万的人士节约到抠门的程度。一位同事，10块钱的感冒药都找保险公司理赔；另一位，在脏乱差的火车站耗上3个小时，为的是18：00后返程能多得150元的晚餐补助。

这幕幕喜剧未能令我发笑，我读得懂，每个数字后都凝结着加班加点与忍气吞声；俯首帖耳被老板盘剥，为的是一平方米一平方米构筑起自己的小窝。白手起家的过程艰辛而漫长，整整3年，我没休过一次长假，没吃过一回鸭脖子；听到"华为25岁员工胡新宇过劳死"的新闻，也半点儿不觉得惊讶，以血汗、青春换银子的现象在这个行业太普遍了。下次，当你在上地看见一群人穿着西装革履拎着IBM笔记本奋力挤上4毛钱的公交车，千万别奇怪，我们就是一群IT民工。

当我们觉得我们离理想中的目标一步步靠近的时候，突如其来的是你的喜讯从天而降，周末去你们的新居暖房！而我，只能拿时间换空间。

你们的蜜月在香港度过，轻松地花掉了半年的工资，可你们还是觉得不够罗曼蒂克；而我的婚礼呢：

在家乡的土路、乡亲的围观中巡游，在低矮昏暗的老房子里拜了天地，在寒冷的土炕上与爱人相拥入眠。幸运的是，多年后黯淡的图景化作妻子博客里光芒四射的图画，她回味："有爱的地方，就有天堂。"

与天堂比起来，我们如今更需要的是爱巢，是婚房，是一个可以让我们有安全感的住的地方。

到2004年年底，我们也攒到了人生中第一个10万，谁知中国的楼市在此时被魔鬼唤醒，海啸般狂飙突进，摧毁一切渺小虚弱的个体。2005年3月，首付还够买西四环的郦城，到7月，只能去南城扫楼了。我们的积蓄本来能买90平方米的两居来着，9月中旬，仅仅过去2个月，只够买80多平。

当专家们还在"叫嚣""北京房价应该降30%、上海房价应该降40%"的时候，你及时站出来指点迷津，赶快买，房价还要涨！要不是你的投资理念和理财观念，我极有可能和很多其他的我一样，接上的是房价疯涨后的"最后一棒"！

我的故事，是一代"移民"的真实写照——迫不得已离乡背井，祖国幅员辽阔，我却像候鸟一样辗转迁徙，择木而栖。现行的社会体制，注定了大城市拥有更丰富的教育资源、医疗资源、生活便利。即便取得了一纸户口，跻身融入的过程依然是充满煎熬，5年、10年乃至更长时间的奋斗才获得土著们唾手可得的一切。……

现实社会中，人并不是仅仅分为城里人和农村人。我们通常还会将人分为富人、穷人、有权有势的人和无家可归的人等等，很多对人的描述都体现出人们对资源的拥有或者控制的情况。著名艺人的孩子比普通孩子成为著名艺人的概率要高无数倍，因为普通孩子要经历无数的关卡才能拥有像著名艺人的孩子那样的曝光度，这还是在著名艺人拼命保护自己孩子以及家庭隐私的情况下产生的比较。由于缺乏监督，一个官员的孩子找到好工作的概率要比普通孩子高无数倍，只要两个孩子的综合素质相差不大。其实，就算两个孩子有一定差距，甚至有相当差距，有时候结果照样可以预知。

没有资源，人生怎能淡定？

谁拥有资源，甚至垄断资源，谁就享有特权。整个社会的资源越匮乏，流动性越弱，特权越稳固。

第三节　换来一切

资源交换是我们获得资源的基本方式。

我有一座宝藏，为何难换来真金白银

对于我们的大脑，江湖上向来颂歌不断：

人脑大约是由140亿到200亿个脑细胞组成的，每个脑细胞可生长出2万多个树枝状的树突，用来计算信息。假设人脑是一台计算机，人脑会远远超过世界上最强大的计算机。人脑神经细胞之间每秒可以完成的信息传递和交换次数达1000亿次。据估计，人的一生能凭记忆储存100万亿条信息。人脑可储存50亿本书的信息，相当于世界上藏书最多的美国国会图书馆（1000万册）的500倍。处于激活状态下的人脑，每天可以记住四本书的全部内容。人类对于大脑的研究有2500年的历史，然而对自身大脑的开发和利用程度仅有10%。

每一秒钟，人的大脑中进行着10万种不同的化学反应。如能把大脑的活动转换成电能，相当于一只20瓦灯泡的功率。大脑神经细胞间最快的神经冲动传导速度为400多公里/小时。根据神经学家的部分测量，人脑的神经细胞回路比今天全世界的电话网络还要复杂1400多倍。

在特定情况下，如生命危急时刻、亲人遇险时，大脑灰质层和白质层瞬间加倍运转，人类的潜能会被激活！超人的速度、弹跳力和力气可能由此激发出来，我们会做出平时根本做不到的事情！

再来看看有关我们眼睛的传说：

据说人的每只眼睛有1亿3000万个光接收器，每个光接收器每秒可吸收5个光子（光能量束），可区分1000多万种颜色。人眼通过协调动作，其中的光接收器可以在不到1秒钟的时间内，以超级精度对一幅含有10亿个信息的景物进行解码。要建造一台与人眼相同的机器人眼，科学家预计将花费6800万美元，并且这台机器人眼的体积有一幢楼房那么大！

我们每个人，就是一座宝藏。

不仅如此，我们绝大多数人还有健壮的身体，健康的心灵，美丽的容颜，我们还有专业的知识以及很棒的工作技能，证书若干，奖状无数。

我们每个人都有一座宝藏，为什么难换来真金白银呢？

这不，很多人慨叹：读了这么多年书，还是过不上好日子！

这究竟是为什么呢？

道理或许没有那么复杂吧：假设银河系某个遥远星球上满是金银珠宝，你觉得这些巨额财富和我们地球上的普通老百姓有一毛钱的关系吗？既然和我们普通老百姓没有一毛钱的关系，我们怎么会愿意将哪怕一分钱抛向空中，幻想得到看不见摸不着的金银珠宝呢？

我们每个人都很实际，总是以我们是否获得资源和利益来评价我们和其他人以及周围环境的关系。特别说明一下，这里的收获绝对包括精神层面的各种收获。感觉到有什么样的收获，我们才愿意有相应的付出。

即便是你为别人倾家荡产，如果别人不认为他因此获得了什么，你的付出在他的眼中可能就是一无是处，甚至你连苦劳都没有。倘真如此，你又能期待从他那里获得什么呢？

如果你是超级美女，即便是你没有任何付出，无数护花使者也会期待陪伴你的左右，期待拜倒在你的石榴裙下。有一美女相伴左右，哪怕一时一刻，对一些人来说，也已沉醉，这就是收获。所以，颜值就是生产力。

你和你的付出与别人的收获之间，有几种关系呢？

第一种，你的本尊就是别人的收获。

你几乎不需要付出，却可以收获很多，甚至整个世界。

比如说，你是别人的儿女。十月怀胎无限期盼，一朝分娩之际，你已经成为父母最大的收获。你的一声哭泣，一颦一笑，一举一动，都引来父母数不清的关注。父母自己舍不得花费的一切，花费到你身上时却显得如此的稀松平常。对你父母来说，你就是世界上最强势的债权人，几乎没有付出，却得到了满满一个世界的爱。对于婴儿来说，家差不多就是整个世界！

第二种，你的一分耕耘，恰好是别人的一分收获。

你卖给别人一份可口的饭菜，别人给了你一份可口饭菜的钱；你卖给别人一件漂亮的衣服，别人花了合适的价格买到了这件衣服，也认为很漂亮；你医术高超，你收获了尊重、爱和金钱，患者也因此大大获益，你的奉献和高超医术让患者重获健康和青春。

第三种，你无心浇灌，别人杨柳依依。

你是个充满爱心的人，为身处大山里的孩子们捐了不少学费生活费。对你来说，这是举手之劳，也没有花费多少代价，你也并不在意。但山里的孩子可不是这么想的。孩子们因此得以继续上学读书，有了更多的机会，有的孩子甚至进入了高等学府，有了更高的平台学习深造。善心不言大，却让许多莘莘学子收获了他们的茁壮成长。

第四种，你辛苦恣睢，别人却没有收获。

一位老师，备课很认真，但就是不会教学生。竭尽全力将准备好的课程送上讲台时，换来的却是同学们的玩手机、打瞌睡甚至课堂恋爱。在你讲课达到激情澎湃之际，你蓦然发现，同学们已然在下面开起了座谈会，还有一对小恋人在课堂上的最后一排相拥入怀，你瞬间崩溃。这个世界上，总有一些人，人好，心也好，就是常常讨不到好。原因有很多，最重要的或许是，别人没有因为你的辛苦恣睢而有所收获。可悲！

你的价值，不是决定于你给予了别人多少，而是决定于，因为你，因为你的给予，别人认可他们自己获得了多少。

所以，你有一座金山也好，有无数座金山也好，对于别人来说，他们认为能期待获得什么，或者他们认为已经获得了什么，才是更重要的。

你有一座宝藏，是否可以换来真金白银，主要取决于别人认为他们自己收获多少，而不决定于你付出多少。

如果在别人看来，你和你的付出不会给他们带来任何价值，不会给他们带来任何收获，你纵有一座宝藏，又如何？

资源获取的方式：换来一切

有些资源不请自来，比如空气，比如阳光，我们完全不需要去争夺。它们通常弥漫在世界各地，只要是人类宜居的地方，总是充满了阳光和空气，根本用不着我们去争夺。这些普惠资源，我们的存在就是交换的条件。我在，它们就来了。

当然，当今时代在城市里，由于人类居住得越来越密集，对于一些人来说，新鲜空气和灿烂阳光也渐渐成为有些稀缺的资源了。

父母对孩子的爱差不多就像阳光和空气。一个孩子刚刚出生的时候，除了可以正常呼吸、吮吸等基本的生命活动可以自理以外，不能做更多的事情了。如果没有父母们如空气和阳光般的爱，没有父母提供的各种资源，婴儿的生命不可能持续。

人类获得资源的第一种方式是，被动获得资源。交换这种资源的筹码非常简单，你的存在就是交换的筹码。你不需要多做一件事情，资源就在你的身边。

普惠资源毕竟少之又少，所以我们总指望躺着"中枪"，机会真心不多。守株待兔的机会必然很少。

人类获得资源的主要方式是，主动获得资源。

运用我们所获得的越来越发展的科学技术，付出我们的资源，比如我们的劳动，比如我们的其他资源，顺天应地，或者与天斗、与地斗，大概就是人类与大自然主动争夺资源的现实写照。

在我们和大自然直接争夺资源的过程中，劳动以及与各种动植物之间的"斗争"是最常见的方式。我们和动物之间的"斗争"是欠文明时代的常见现象。随着科学技术和人类文明的发展，我们和大型动物之间直接"斗争"的现象差不多已经消失了。我们和植物的缠斗一直在持续，我们种植水稻等农作物，总是有各种各样"不识时务"的植物们伺机插一腿，于是我们不得不通过药物或者纯体力劳动来解决我们和这些"不识时务"者之间的资源冲突。

顺天应地，或者与天斗、与地斗，最重要的莫过于科学技术的发展。因为有了科学技术的突飞猛进的发展，我们人类才将曾经仅仅用于加热取暖的太阳的利用价值无限扩大，太阳每天散发出来的无限能量的浪费正在一天天的减少。我们升向天空，钻进地壳，深潜海底，寻找和捕获着曾经无法想象的资源。

人类之间对于资源的争夺越来越重要。资源在人们之间分布不平衡的状况导致了跌宕起伏、无比激烈的资源争夺战，世世代代，生生不息。人为财死，鸟为食亡，永世不可改变！

我们人类在相互争夺资源的过程中，通常采取两种方式，一种是和平方式，另外一种是非和平的方式。

世界历史上的无数次战争，无非是资源再分配以及资源分配规则变化的一种方式而已。尽管战争是人类资源分配的重要方式，但是随着时代的发展，消灭人本身来获取资源的方式已经不流行了，更何况战争伦理也不允许大规模杀伤敌人了。人类越文明，利益冲突解决的方式就越人性。

当然，非和平的方式还有偷、抢、骗等方式，这些方式依然广泛存在。

以和平方式获得资源无外乎两种方式，一种是直接交换得来，一种是间接交换——受赠得来。

受赠得来的东西，总有人认为那是免费的午餐。其实这个世界上根本没有免费的午餐，受赠得来的东西通常都是以一种非常隐蔽的交换方式得来的。

有些隐蔽的交换我们是明确知道的，比如说别人有求于我们。这种受赠通常会以各种隐秘的方式进行，有时候绕一些弯子，有时候会非常直白，有时候会用其他方式来感谢，有时候直接用钱。

有些隐蔽的交换来源于我们亲朋好友所积之"德"。比如你的父亲为一个人帮了大忙，结果这个人一直默默地帮助你。你在茫然之中得到了很多的好处，却一直被"生生"地"蒙"在了鼓里！

直接交换，就是不同资源之间的直接交换。你给我5元钱，我给你二斤小白菜；你帮我复习功课，我一个小时给你一百元；……

交换有时候是等价的，经常是不等价的。

越抢手，越值钱

于丹何许人也，北京师范大学的教授、博士生导师以及各种头衔。在中央电视台《百家讲坛》中讲解《论语》心得一举成名，其所著《于丹<论语>心得》在国内累计销量数百万册，在国外也有不少的销量。

这是为什么？

原因可以用长篇大论来分析，结论却简单，就是很多读者想买。

于丹对论语的研究好吗？至少有无数的人持怀疑态度乃至否定态度。中国有很多研究论语的大师级人物，于丹比得了吗？这是一个非常不好回答的问题。但是，我们假定，中国有一万个比于丹对于《论语》的研究水平高多了的《论语》研究者，那为什么只有于丹的书卖得多呢？因为于丹的心得有不少人爱听、爱看，于是就大卖了，热销了。一万个《论语》专家们尽管从不同角度对《论语》进行了深入的有说服力的研究，但是除了一些学生耐得住寂寞地去读，还有多少人有兴趣愿意花费自己的时间呢？于是这些专家们在市场里面消失了，只能眼红于丹在市场上翩翩起舞挣大钱！

宋玉是我国历史上著名的文学家。由于他文才出众，有些人因此不满，在背后说他为人孤傲。楚王听得太多了，就把他找来问道："现在不少人对你有意见，你是不是有什么不对的地方？"

宋玉非常聪明，而且能言善辩，回答说："有一个人在市中唱歌，他先是唱《下里》《巴人》一类的通俗民谣，人们很熟悉，有几千人都跟着唱起来。后来，他唱起《阳阿》《薤露》等意境较深一些的曲子，有几百人能跟着唱。后来，他开始唱《阳春》《白雪》这些高深的曲子时，剩下几十人跟着唱。最后他唱起用商调、羽调和徵调谱成的曲子时，绝大多数人走开了，剩下两三个人能听懂，勉强跟着唱。可见，曲子越深，跟着唱的人就越少。"

宋玉用这个事例比喻自己的文章深奥，有些人看不懂，才会惹来他们的非议。楚王听了这一番话，也就无话可说了。

那些最牛的《论语》专家们，多是曲高而和寡者。曲高和寡，于是粉丝就没有了，哪来的支持呢？

歌星为什么能够获得那么高的出场费，球星为什么能够获得那么高的出场费，是由铁杆儿粉丝的数量决定的。明星大腕儿收费高，是由于稀缺性所决定的。明星大腕儿们经常不是因为付出的努力更多，而是因为很多人喜欢他们。父母喜欢自己的孩子，所以孩子的存在就是交换的筹码。明星大腕儿如同粉丝们的孩子，粉丝们如同明星大腕儿们的父母，有时候粉丝父母们花上巨款，能见明星大腕儿们一面，心就醉了！

供求关系决定资源的交换价值。

越是供大于求，乃至没有人有需求，直至供应无限量，这时候供应自然不会有多大的交换价值，例如空气，不用花钱。越是供不应求，交换价值就会越高，有犯罪嫌疑人家属为了让犯罪嫌疑人活命，不惜一切代价，就是此意；家属为了黄泉路上的病人，不计代价找医生，同样道理！

想以少胜多，就成为权威吧

只要你能控制资源，你就可能会成为权威，成为在交易中的强者。不信，咱们看一个小故事，看看什么叫作权威，什么叫作主宰：

话说电信局的一个领导探望自己当年插队的地方，来到一个偏僻的小镇，住进了镇上唯一的一家招待所。领导一路风尘仆仆，出了一身臭汗，就想洗洗澡。来到招待所的澡堂，服务员拦住了他："先生，你要洗澡，必须先交15元的初装费，我们会给你接上一个喷头。"领导很诧异，但是入乡必须随俗，初装费就初装费吧。交完初装费，正想进门洗澡，又被服务员拦住了："对不起，先生。我们为了便于管理，每个喷头都有编号，你要洗澡还需要交10元的选号费。"领导有些生气，但是还是交了钱要选定"8"号。但是服务员并没有接钱："先生，你选定的是吉利号码，属于稀缺资源，所以必须补交8元的特别号附加费。"领导压住心中怒火，说："那我改成4

号，总行了吧？"服务员说："4号一般没有人选，你可以用。你可以不用交特别号附加费，但是必须交5元改号费。"领导觉得自己身上都快臭了，无可奈何，于是交了钱，简直都要哀求服务员了："这下总可以进去洗澡了吧。"服务员笑眯眯地说："当然可以。不过由于4号喷头只供你一个人使用，所以不管你是否来洗澡，每个月都必须交纳20元的月租费。此外你每次洗澡还需要按照每30分钟6元的价格收费。如果逾期不交洗澡费，还需要交一定的滞纳金。"领导这回简直气疯了，说："这是什么鬼地方，我不洗了！"正要扭头走开，又被服务员拦住了："如果你不洗澡了，还需要交纳9元的销号费。"领导大发雷霆："你们这样收费，还指望有人再来住宿洗澡吗？"服务员微微一笑说："这个你大可不必操心。镇上就我们一家招待所，我们招待所就这间澡堂。外面的客人要想住宿就只能住这家招待所，要想洗澡，就只有用我们的澡堂。你也不用生气，我们和电信企业一样，都是属于垄断经营，很多收费项目我们都是效仿电信企业学来的。"这回领导彻底不作声了，本来还想亮出自己的"显要"身份，现在一个字也提不出口了。

资源的获得靠交换，通常我们进行的交换都会倾向于等价交换，至少我们会认为我们的交换是等价的或者基本等价的。不过，一旦有各种"权威"的左右和影响，原本近于等价的交换就增添了新的平衡项，达成的交易价格就会让我们很诧异，因为我们感觉交易简直太不等价了。但是，当我们将影响交易的所有因素都考虑周到的时候，我们也会发现，其实看起来不等价的交易远没有我们想象得那么夸张，那么不等价。

八卦新闻中，我们常常听到某女星出道之初遭遇导演潜规则，女星一把鼻涕一把泪地哭诉，似乎完全忘了自己因此而出名。

其实发生这种事情的道理再简单不过了：导演手上拥有几乎是至高无上的权威——决定一个演员是否成名的权力。对于一个默默无闻的演员来说，导演就是至高无上的权威！和导演上床了，成名了，这就是故事的全部！

权威导致了交换的不等价，全部的故事就是这样子的。

在资源交换过程中，让自己尽可能不成为牺牲者，主要有两个出路：一是，等待时代的发展，让时代将自己改造成一个权威，至少不是一个太大的牺牲者；二是，积极向上，让自己成为权威，至少可以在一定程度上不再成为悲惨的牺牲者。第一个出路太过长久，所以最好选择第二种方式，积极向上。

指望没有一点点牺牲的社会，是不可能的。于是，为了成为某种权威，我们只争朝夕！

整个世界充满了不等价交换。希望少牺牲一些，希望以少胜多，那就努力成为权威。

第四节　为资源奋斗终生

人这一辈子，争来争去，不外资源。缺乏资源是常态，不缺资源是变态。

资源稀缺：缺钱是常态，不缺钱就是变态了

这个世界上，好像没有人是不缺钱的。一个人生下来以后，只要明白钱是怎么一回事，好像就开始缺钱花了。随后的日子里，谁不缺钱花吗？几乎没有！不用一一列举谁在什么时候因为什么缺钱花，问问自己，问问身边人，就会找到各式各样的答案。在你惊叹于缺钱原因如此千奇百怪，惊叹于自己想象力如此匮乏的时候，结论从未改变——缺钱花是常态，不缺钱就变态了！

缺钱花是常态，不缺钱就变态了！你想变态吗？

很多人说：太想了！

可是可能吗？几乎不可能！

即便是我们认为再变态的人，想在这一点上变态，比登天还难！一般来说，只有五种变态的"人"或许不缺钱花：一是神仙，二是妖怪，三是得道高人（要非常高，高到不能再高时或者无限接近最高时），四是没有知觉的人（比如植物人），五

是死了的人。确定的最不缺钱花的"人"应该是第五种吧！

请问：你想变态，那你想成为上面列举的五种"人"之中的哪一路"人"？其实，希望自己不缺钱，就像希望自己身上不再感到疼痛一样。你在牙齿非常疼痛的时候可能会想，要是我没有疼痛的感觉那该多好啊！更不用说，有些人整天为头疼等诸多身心疾病所困扰，更希望自己永远摆脱疼痛的感觉！然而，要是有一天，你真的火烧上身也没有疼痛感时，岂不是一件可怕至极的事情！

因此，千万别再想着我为什么老是缺钱花了。痛定思痛，好好挣钱是正道！回避这个问题就误入歧途了。

我们每个人，在任何时候几乎都缺钱花！原因很简单，从经济学的角度说，钱这个东西是个等价交换物，是个几乎永远稀缺的资源。记得我每个月挣几百块钱的时候，心里想着要是能挣一千多块钱那该多爽啊！现在每个月都可以挣成千上万了，也还是没有爽起来，倒是觉得更加缺钱花了！

我真TM的太正常了！

你和我一样是正常人吗？

为达资源，各择手段：生生不息资源战

据瑞典、印度学者统计，从公元前3200年到公元1964年，总计5164年间，世界上共发生了14513次战争，平均每年大概2.8次。上下五千多年间，竟只有329年和平。

数千年来，大概有36.4亿人在战争中丧生，差不多相当于当今全球总人口的一半。将历次战争所导致的财富损失折合成黄金来统计，这些财富足以铺一条宽150千米、厚10米、环绕

地球一周的金带！

一切战争都是灾难，都会吞噬无数人的生命，都会摧毁人类辛辛苦苦创造出来的财富。

既然如此，为什么还会有这么多战争呢？

说到底，战争就是残酷到极限的资源竞争而已。尽管太多灾难和痛苦，战争却是文明的重要动力。没有战争，我们人类可能还处于蛮荒时代。正是由于对资源的不断疯狂掠夺，人们才如醉如痴地发展科学技术，客观上促成了今天的科学和文明。有道是，祸兮福之所倚，福兮祸之所伏。包括战争在内的一切竞争，都是资源争夺战，都是为了争夺资源的所有权、控制权和使用权。

资源争夺战从什么时候开始的？谁都说不清楚。

记得很小的时候，家里很穷，穷到几乎没有新衣服穿，家里孩子却多。一个孩子好不容易有件新衣服穿，其他孩子就眼巴巴地看着，资源争夺战就在那里！

上小学了，两个同学，一张桌子，同桌的你和我。等长大了，变老了，相视同桌你我，回忆儿时情景，情不自禁，眼睛里泪光闪烁。可儿时难得这样含情脉脉。桌子中间必有一条"三八线"，各自领地各自管，不许超越三八线，资源争夺战就在那里！长大以后满心是爱，儿时却充满资源的争夺和控制。年长者可以一笑泯恩仇，儿时、年轻时的生死博弈还历历在目！

夫妻间为了资源也会打得不可开交。妻子这样抱怨：以前没有孩子，你什么时候都能想到我，什么好事情都能想到我，现在有了孩子，我在家里的地位一落千丈，什么时候想的都是孩子，什么事情都是想着孩子，你还要我这个老婆吗！何止妻子这样想，丈夫也一样。一场场爱的争夺战！

小时候，我们稚嫩的心灵守护着极为有限、在大人看起来无比可笑的资源；慢慢长大，我们竭尽所能争夺和守护越来越不可笑的资源，用尽一切办法，直至违法犯罪。

万物之灵如此，动物不甘示弱，草木亦同此心。

个人如此，集团如此，国家没有两样。

宇宙间充斥着资源争夺战，豪强也好，弱势也罢，从不停手。

德比尔斯公司是世界著名的钻石公司，它控制了全世界钻石矿的80%以上。按理说，如此彪悍的垄断企业不用做广告了吧，也应该让小兄弟们还能混口饭吃吧。但德比尔斯公司每年都要斥巨资在各国做广告：钻石恒久远，一颗永流传。

这是为什么呢？

作为钻石市场上的垄断者，德比尔斯公司在装饰品市场还做不到一家独大，因为宝石可以替代钻石。德比尔斯公司斥巨资做广告，意在告诉消费者，宝石虽不差，钻石才"永恒"！百年好合，必用钻石！德比尔斯公司不仅要在钻石市场上一统天下，也要成为装饰品市场的绝对老大。

争夺资源，永不止步！

永恒的资源，永远的利益

"A country does not have permanent friends, only permanent interests."

翻译过来，就是"一个国家没有永远的朋友，只有永远的利益"。

19世纪英国首相帕麦斯顿的一句话，成了英国外交的立国之本。

1945年5月8日，也就是法西斯德国宣布无条件投降的当天，英国首相丘吉尔致电斯大林，表示希望能在战胜纳粹暴君之后，"共同走在胜利和平的阳光大道上"。

丘吉尔在回忆录中称，当时西方和苏联之间存在着一种"广泛的亲善气氛"。但是，就在这种"广泛的亲善气氛"中，丘吉尔在5月12日致电美国总统杜鲁门时表示，他"对于欧洲局势感到十分忧虑"。他说，俄国"对雅尔塔决定作了曲解，他们对波兰的态度，他们在巴尔干半岛各国，除希腊以外，占有压倒的势力……再配合上他们在其他许多国家里所施展的共产党伎俩，尤其是他们能够在广大地区里长时间维持着庞大的军事实力……他们将在前沿地区拉下一道铁幕。"

1946年3月5日，丘吉尔在美国总统杜鲁门的陪同下，在美国密苏里州的富尔顿市威斯敏斯特学院发表了题为"和平砥柱"的著名的"铁幕演说"。丘吉尔在演说中公开攻击苏联的"扩张"，其中有一段话被人们广泛引用："从波罗的海的什切青到亚得里亚海边的的里雅斯特，一幅横贯欧洲大陆的铁幕已经降落下来。在这条线的后面，有中欧和东欧古国的都城。华沙、柏林、布拉格、维也纳、布达佩斯、贝尔格莱德、布加勒斯特和索菲亚——所有这些名城及其居民无一不处在苏联的势力范围之内……"丘吉尔主张美英结成同盟，英语民族联合起来，制止苏联的"侵略"。

富尔顿演说后不到十天，斯大林发表谈话，严厉谴责丘吉尔和他的朋友非常像希特勒和他的同伴，演说的实质是杜鲁门借他人之口发表"冷战"宣言，是美国发动"冷战"的前奏曲，丘吉尔"是要在盟国中散播纠纷的种子"，"是号召同苏联进行战争"。

一定要解释一下的是，国际反法西斯同盟国统一战线的形成其实并没有多长时间。

第二次世界大战爆发之后，反德同盟包括法国、波兰和英国，随后英国的自治领——澳大利亚、加拿大、新西兰、纽芬兰自治领以及南非联邦——也加入了反德同盟。1941年珍珠港事变之后，美国和中国加入了同盟国。1942年1月1日，中、苏、美、英等26国在华盛顿签署了《联合国家宣言》，宣言表示赞成《大西洋宪章》的宗旨和原则，强调战胜共同敌人的重要性。宣言的签署和发表，标志着国际反法西斯同盟正式建立。

从1942年1月1日到1946年3月5日，不过三年零两个多月的时间而已，曾经的亲密战友，已然反目成仇！

没有永远的朋友，只有永远的资源和利益！对于国家如此，对于个人也是一样的。

即便是挚友，即便是至亲，也不过如此！

没有永远的朋友，只有永远的资源和利益。为了争夺资源，有人会将法律、道德和一切置之度外。

第五节　资源越流动，社会越公平

公平就是越来越平等的竞争基础和越来越平等的竞争机会。社会并不公平，但是我们的个人努力越来越能够改变我们的现状了。

曾经，三十年河东，三十年河西

黄河的河床比较高，泥沙淤积历来非常严重。在古代，因为生产力水平低下，黄河经常泛滥，所以黄河改道就是常有的事情了。每一次黄河改道后，一个村子以前可能在黄河的西岸，后来就变到黄河的东岸去了。于是就有了"三十年河东，三十年河西"的说法。

三十年河东，三十年河西！自然界中山河变换，斗转星移，没有一成不变的东西，没有一成不变的位置。

何止自然界，人类社会也没有常胜将军。"你方唱罢我登场"的剧本每天都在上演，曾经显赫数世的家族，曾经显耀一时的人物，也都是大浪淘沙——长江后浪推前浪，前浪死在沙滩上！这正如《儒林外史》中的成老爹所说的："大先生，'三十年河东，三十年河西'，就像三十年前，你二位府上何等气势，我是亲眼看见的……"

也可以古代故事为证：

安史之乱爆发之后，郭子仪任朔方节度使，率军收复洛阳和长安，功居平乱之首，晋升为中书令，并被封为汾阳郡王。唐明皇将公主许配给郭子仪做儿媳，还为他建造了富丽堂皇的河东府。

很快，河东府上添了新丁，全家上下皆大欢喜。谁料到，郭子仪的孙子从小娇生惯养，在蜜水中泡大，成人以后挥霍无度，等到先辈们一一离世之后，竟然很快沦落到万贯家产消耗殆尽直至沿街乞讨的地步。

有一天，他来到河西庄，猛然想到三十多年前，奶妈就住在此处，就去向人打听，前前后后左左右右都问了一遍，村庄里的人谁都说不知道。郭子仪的孙子非常扫兴，失望至极。天快黑时，他碰到一个农夫，尽管绝望了，还是张口试探着问了一句，没曾想这个农夫竟然就是他三十多年前奶妈的儿子。郭家孙子跟着奶妈的儿子到了他们家，放眼望去，粮仓满满，牛马成群，感慨不已！郭家孙子非常不解地问："你们家如此富裕，你为什么还要亲自劳动呢？"奶妈的孩子笑道："家大业大，总有吃空的一天啊！母亲在世的时候，带着我们努力劳动，勤俭持家，才有今天的这些家产啊！"郭子仪的孙子羞愧难当。

奶妈的孩子不忘旧情，收留了郭家孙子，还委以重任，让他管账，无奈郭子仪的孙子却对管账一窍不通。奶妈的儿子无比感慨："真是三十年河东享不尽荣华宝贵，三十年河西寄人篱下。"

而今，三年河东，三年河西

1962年9月15日，他出生于安徽省蚌埠市怀远县城关镇进山路30号；

1980年，他以安徽怀远县总分第一名（其中数学考了119分，仅差1分满分）的成绩从怀远一中毕业，作为当年怀远县的理科状元考入浙江大学数学系；

1984年，他毕业于浙江大学数学系，分配至安徽省统计局；

1989年，他从深圳大学研究生院毕业，取得软科学硕士学位，没有迷恋处级干部的职位，家人和朋友的极力反对也没有能够阻止他下海的决心，临行前立下"如果下海失败我就去跳海"的誓言；

1989年8月2日，《计算机世界》第一次刊出他的M-6401中文软件广告，也是他的第一个广告——"M-6401，历史性的突破"；

1991年4月，他成立珠海巨人新技术公司，推出汉卡M-6403。从此，他的名字和"巨人"这两个字就血肉般地相连在一起了；

1994年2月，规划层高不断快速增长的巨人大厦开始动工；

1995年，他被《福布斯》列为内地富豪第8位；

1997年年初，巨人大厦停工，巨人集团名存实亡；

1998年，他再度创业，开展"脑白金"业务，从江阴到无锡，再到南京、吉林、常州、苏州，星星之火渐成燎原之势，伴随的是连年被评为"十差广告之首"的"孝敬咱爸妈"和"今年过年不收礼，收礼还收脑白金"；

2000年12月，他注册成立珠海市士安有限公司，并在2001年1月30日在珠海本地媒体上打出收购珠海巨人大厦楼花的公告；

2007年11月1日，他旗下的巨人网络集团有限公司成功登陆美国纽约证券交易所，总市值达到42亿美元，融资额为10.45亿美元，成为在美国发行规模最大的中国民营企业；

2009年3月12日，福布斯全球富豪排行榜，他以15亿美元居468位，在大陆位居14位；

2012《财富》中国最具影响力的50位商界领袖排行榜，他榜上有名，排名第二十二位；

……

什么叫作三年河东，三年河西？

在经济社会发展日新月异的当代中国，有无数的人都可以上台演讲，向大家诉说无数个传奇。不过上面提到的这个人肯定是有发言权的，他就是当代中国著名的民营企业家史玉柱。

1991年，史玉柱带着自己的汉卡软件和100多名员工到了珠海，注册成立了珠海巨人新技术公司。为了迅速打开市场，建立起庞大的营销网络，史玉柱开始了一次大胆的赌博。他向全国各地的电脑销售商发出邀请，只要订购10块巨人汉卡，就可以报销路费，以此为代价让他们前来珠海参加巨人汉卡的全国订货会。史玉柱以小博大，以几十万元的代价吸引了全国200多家大大小小的软件经销商订了货，还帮助巨人汉卡组建了营销网络。很快地，巨人汉卡的销量跃居全国同类产品之首，公司利润丰厚。1992年，巨人集团资本超过一个亿，史玉柱迎来了自己的人生和事业的第一个高峰。

意气风发的史玉柱在和总理一次又一次握手之后，意气更加风发，原本只是决定在美丽的珠海盖一栋18层的大厦，最终被拔高到70层高楼。史玉柱一心要盖中国第一高楼，虽然当时他手上的钱只够为巨人大厦打桩。联想集团原总裁柳传志这样形容当时的史玉柱：很浮躁，迟早可能会捅出大娄子！

娄子终于捅出来了——1996年，巨人大厦迅速"坍塌"下来。不过，史玉柱在负债两亿元的时候竟然没有崩溃，也算是奇迹中的奇迹了。史玉柱后来自己回忆说：当我真正感到无力回天时，就完全放松了！当时的史玉柱就是无力回天，可是在好几个月没有发工资的情况下，他的核心团队竟然没有一个人因此离开，这也是奇迹，这也成就了后来更大的巨人奇迹！史玉柱在忠诚的核心团队的支持和帮助下，决定东山再起！

1994年，国外软件大举进军中国，抢走了巨人汉卡的市场份额。史玉柱急于从困境中突围，把目光转向了保健品，斥资1.2亿元开发全新的营养保健品——脑黄金。史玉柱的营销天才再次起到了无比关键的作用。

1994年10月18日，巨人脑黄金的试销在华东地区的上海、江苏、浙江和安徽同时展开。史玉柱首先是大打广告战，仅仅在华东地区每天的广告投放额就高达10万元；其次，史玉柱高速推动分公司建设，设立营销部，强力出击。仅一个月的时间，一个分公司的一切组建工作都可以告成。史玉柱亲自主抓销售人员的培训工作，对每一位分公司经理都灌输同一种理念，即健脑观念和渠道网络经销的场面要铺开，最重要的是"回款才是硬道理"。这句话成了至高无上的座右铭，这也恐怕是史玉柱的最高的经营法则了；史玉柱还配以各类各样的铺天盖地的促销手段。"有贼心有贼胆"的史玉柱采取"暴力广告"手段，让一款全新的保健品在中国大陆妇孺皆知！

巨人脑黄金给沉寂的市场浇上了火热的爆油，一场迅速积累财富的奇迹不停地上演着。果敢的史玉柱创造了商业的奇迹。

随后，是脑白金，是黄金搭档，是征途网游，是民生银行……

巨人归来！

从巨人汉卡到巨人大厦，从脑白金到黄金搭档，史玉柱向我们诠释着什么叫作三年河东，三年河西；什么又叫作三年河西，三年河东！从1989年只身进入商海到1995年成为内地富豪第八位，史玉柱用了六年时间；从1995年内地富豪第八位到1996年身背巨额债务，史玉柱用了不到两年的时间；从1996年身背巨额债务到2000年重新崛起，史玉柱用了四年左右的时间！

这就是，三年河东，三年河西！

海洋时代，钱放哪儿

乔治·索罗斯，一位来自欧洲的金融大鳄，一个很难用道德评价的人，却摸透了我们时代的基本特征。

他的外表平凡无奇，结实的身材，微卷的眉毛，略尖的下巴和稍薄的嘴唇。一头褐色的硬发总是修剪得整整齐齐，低沉而嘶哑的嗓音中能听出隐约的匈牙利口音。

他是华尔街有史以来收入最高的超级基金经理人，却生活朴素，不仅没有游艇、高级轿车和私人飞机，外出都坐普通民航飞机、乘出租车甚至搭巴士。

他掌管着数十亿甚至上千亿美元的资金，在一日之内就能赚进20亿美元，却总是心平气和，处变不惊，保持着一贯的沉着冷静。

他纵横全球金融市场几十年，从1000美元起家到今日的身价百亿，富可敌国，书写下一篇由平民到极具全球影响力人物的传奇。

对全世界的银行家来说，他曾经代表着一种邪恶的力量。在大多数民众的脑海中，他无疑就是"投机"这个恶魔的化身。

他制造了一场场令世人震惊的金融危机。

他曾率领着他的那只在国际金融市场上呼风唤雨、无所不能的"金融大鳄"一举打垮英国央行，逼得英国和意大利退出欧洲货币汇率机制；他曾两次突袭亚洲，掀起金融风暴，使东南亚各国国民生产总值损失10%以上。他刺破了一个个绚烂无比的经济泡沫，足迹所及之处，经济发展倒退，金融体系失效、混乱乃至崩塌。国家和地区的经济在他的吞噬下元气大伤，而他在世界各地转移几十亿美元，只需花费短短几秒的时间。

1969年，靠小打小闹和哲学思想起家的索罗斯开始了他光辉的投资历程。他和黄金搭档吉姆·罗杰斯共同创立了量子基金。量子基金在索罗斯领导下，在世界金融市场上一次又一次的攀升和破败中不断成长壮大。

经过近30年的经营，到1997年年末，量子基金已经成长为资产总值近60亿美元的巨型基金。形象地说，如果你在1969年注入1万美元到量子基金，在1996年年底基金额将增值到3亿美元，也就是增长了3万倍。索罗斯创下了令人难以置信的业绩，以平均每年35%的综合成长率成为全世界投资基金经理的翘楚。

叮叮当当的铜板声早已远去，我们无比熟悉数字的涨跌给我们带来的兴奋或者落魄的感觉了。不管你同意不同意，人类的身体依然居住在并不广袤的土地上，海洋时代早已来临。索罗斯和他的所作所为恰好反映出我们这个时代的特征。

实业如山！金融如水！

仁者可以继续乐山，但这更是智者的时代，更是乐水的时代。

曾经，实业统治着世界，金融辅佐着实业，没有半句怨言。如今，实业依然是各个国家和地区生存和发展的基石，但是金融已经可以对一个国家和他们的国民产生无法形容的影响，牵一发足以动全身。索罗斯们以及世界上所有的金融家们正在以前所未有的控制力和影响力左右着世界资源的分配，进而影响到我们每一个人。不信，再复习一下量子基金的所作所为。

这就是海洋时代。

我们早已进入金融时代，也就是海洋时代，一个资源越来越丰富的时代，一个资源流动性越来越强的时代。我们对资源使用的方式越来越灵活，我们获得资源的方式越来越多，我们获得资源的限制越来越小，我们的才华和努力——而不是其他——已经成为获得资源的越来越重要的因素。

曾经，资源就像是一块块永远不会溜走的土地，一百年前，它们在那里；一百年后，它们依然静静地躺在那里。我们可以将土地卖给别人，获得不菲的收入；我们也可以将土地租给别人，拿到岁岁如意的租金；我们也可以自己亲自耕种，收获秋天的喜悦；如果我们足够任性，或者愿意给土地以足够的人文关怀，我们也可以让野草恣意生长，再体验"野火烧不尽，春风吹又生"的生命神奇……

如今，越来越多的资源更像江湖河海中的水，纵使我们贴心呵护，纵然我们竭力关注，我们甚至都不知道接下来的一分钟，曾经属于我们的那一汪肥水，流进了谁家的田！也会在不经意之间，我们已经赚得盆满钵满，还不知道钱从哪里来的。

海洋时代，钱性属水，所以，我们无法阻止金钱随波逐流，更不可能将钱深埋在土里。随波逐流，钱流走了，手空了。埋在土里，钱蒸发了，魂丢了。

海洋时代，比起拼爹来，水性真的是越来越重要了。

资源越流动，社会越公平

马云说，路遥的《人生》改变了他的人生。

在普通老百姓没有选择的那个年代，托亲戚的福，《人生》的主人公高加林有了出人头地的机会：重回城市，成了体面的城里人，实现乡村土地上不可能实现的梦想。几番周折，好梦圆了又灭了，高加林通过关系得到城市工作的事被人告发，他失去了令人羡慕的城市工作和城市爱情，重回生他养他却给不了他选择的土地，所有的理想和抱负成了过眼云烟。梦想散去的地方，最爱他的乡村恋人也已嫁作他人妇。高加林失去了美好的一切，再次面朝黄土背朝天，在那个资源匮乏又僵化的时代。可叹才高八斗，竟走不出一片土地。

和世界潮流比起来，今天的中国，依然有太多拼爹的机会，但至少不会再回到"高加林"时代，再也回不到亲爹决定一切的时代。有几个资源不多却充满理想的年轻人愿意回到"爹是英雄儿好汉，爹是懦夫儿蠢蛋"的年代？

离得太近，有时我们反而看不清自己的时代。这是个并不嫌贫爱富的时代，它没有拒绝马云们年轻时的一文不名，而是让他们成了一个个创富传奇的主人公；这是个规则正在取代关系的时代，它并不嘲讽80后、90后的不谙人情，而是为他们尚显稚嫩的梦想助力；这是个教育与知识俯拾皆是的时代，不必再仰赖高昂的学费和漫长的旅行才能开阔视野，只在轻轻一点之间就囊括了万里与千年——当站在历史的坐标系上看，这是一个普通人的黄金时代。

张璁在《你的背景，是这个时代》（2014年10月21日《人民日报》）中，将今天描绘成普通人的黄金时代，描绘成一个不再嫌贫爱富的时代，描绘成教育与知识俯拾皆是的时代，有点儿像一个未谙世事的孩子在做主题演讲，反倒让人产生了一种"离得太近"、感情更深的错觉。但不论怎么评价，和几十年前的中国比起来，资源丰富多了，资源流动性无疑强多了。普通人的黄金时代尚需时日，但对比今昔，不应太过奢求。

唐宋以降，"均贫富"成为农民起义的主要口号之一，甚至到了不患寡而患不均的地步。然而，均贫富解决不了社会公平问题，劫富济贫永远无法成为达到社会公平的根本方法。普通人的黄金时代不能指望换汤不换药的劫富济贫，只能寄望资源的丰富性和流动性。

资源越丰富，流动性越强，社会才越公平。

看看政治权力的制高点——皇权或者总统、主席的流动性吧。

中国最长的朝代是周朝，共计存在790年，其他主要朝代大都是一百年左右到三四百年不等。自秦朝开始，中国开始实行大一统的集权统治，皇帝集一切权力于一身，普天之下，莫非王土；率土之滨，莫非王臣。皇权世袭，家即是国，国即是家。而1949年中共建国以来，除了名誉主席宋庆龄以外，中国一共出了七个国家主席，最长时间不过两届十年，没有哪两个国家主席是一家人。当今政治权力的流动性远非古代可比。

除了最高统治者之外，各级官员的流动性也今非昔比。中国农业社会对于官员的技术水平要求极低，这给任人唯亲现象充斥社会奠定了坚实基础。中国古代，贫苦百姓出头机会是零。当今中国，拼爹不可避免，但平民百姓拥有更多机会本身就是巨大的社会进步。如果中国官员自上而下的流动更通畅一些，官员与非官员之间的流动更容易一些，社会进步就更大了。

资源越匮乏，流动性越差，普通老百姓的机会就越少，这个社会就越不公平。资源越丰富，流动性越强，普通人机会就越多。

公平就是越来越平等的竞争基础和越来越平等的竞争机会。

当每个人可以依靠自己的智力、知识和技能在整个社会中翻江倒海，纵横捭阖，曾经的各种限制在海洋时代和金融时代的资源流动中被打得丢盔卸甲，这是何等的公平！

我们的时代，政治权威依然高高在上，金钱权威依然不可撼动，但是，歌手可以成为权威，足球运动员可以成为权威，优秀的牌手可以成为权威，网络写手可以成为权威，微博大V可以成为意见领袖……这个多权威的时代，没有谁需要在一棵树上吊死，一技之长足以成就幸福生活。太多的市场，太多的机会，只要有才华，我们总能把自己卖出去。

然而，人生而不平等。指望每个人都能够享有同等的待遇，永远办不到！有的人生如仙子，有的人美容后也无法让人投去赞许的目光，何以完全公平？

因为资源的流动性越来越强，即便是没有巨额的遗产税，能够在有生之年保有财富已是难题，更不用说增值了。这看起来对勤奋创造和积累财富的人们不太公平，但也可以有另外一种解释：反正我们也无法为儿孙做太多，还不如且行且乐；儿孙自有子孙福。

这样的人生，似乎更人性，更纯粹。

但，你们家的儿孙同意吗？

不要怨怪不公平，神仙都摆不平

一个国王远行前，交给三个仆人每人一锭银子，吩咐他们："你们去做生意，等我回来时，再来见我。"

国王回来时，第一个仆人说："主人，你交给我的一锭银子，我已赚了10锭。"国王奖励了他10座城邑。第二个仆人报告说："主人，你给我的一锭银子，我已赚了5锭。"国王奖励了他5座城邑。第三个仆人报告说："主人，你给我的一锭银子，我包裹得紧紧的，生怕丢了，一直没有拿出来。"国王命令将第三个仆人的一锭银子也赏给第一个仆人，并且说："凡是少的，就连他所有的也要夺过来。凡是多的，还要给他，叫他多多益善。"

这是《新约马太福音》中的故事，说的是马太效应。

马太效应是指这种现象：强者愈强，弱者愈弱，穷人更穷，富人更富。

1973年，美国科学史研究者莫顿用一句话概括了一种社会心理现象：对已有相当声誉的科学家做出的科学贡献给予的荣誉越来越多，而对那些未出名的科学家则不承认他们的成绩。

还是马太效应！

竞争提高了效率，乃至产生垄断，也必然有助于生产出"副产品"——不公平。

效率是指经济社会发展的质量和速度。人类发展依靠的主要是效率，而不是公平。不过，太不公平，效率会因为大部分人的反对而不复存在。

但过度强调公平，必然会牺牲效率，让人懒惰，让社会发展失去动力。不管希腊是不是属于高福利国家，过分关注公平必然产生一群懒散的民众，结果坐吃山空。

没有效率，永远不要奢谈公平。

一无所有的公平有什么意义？几十年前，当人性的光芒被缺乏效率的大一统的集体所有制和公有制所淹没的时候，每个人都能够感受到切实的公平——物质极度缺乏，生活极端贫困。当不患寡而患不均成为现实，多少国人可以面带微笑，徜徉在幸福的"均贫"之中？曾经的悲剧，是对整个中华民族的不公平！

世界发展史上最不可思议的规则是1978年开始的中国人民制定的改革开放政策。反对者们有一万个理由来说，政策带来了太多负面的东西，给社会带来了太多的不安定因素，是社会不公平的根源。但是，如果不是效率优先，兼顾公平，我们怎么会有机会做中国梦？白日梦也就罢了。

公平和效率有时情同手足，有时形同陌路。如果强调一切平等，竞争在哪里，效率在哪里，发展在哪里？没有效率，公平和平等就没有了前进的方向。如果将地球自转看成是公平和平等，公转就是效率、发展和进步。如果地球只有自转，我们的世界将很快被太阳抛弃，星空也难成为永恒，因为黑洞还张着大嘴等着我们呢。

总有一些人在一定的时候代表着效率，也总有一些人在一定的时候无比渴望公平。由于公平和效率间的天然矛盾，公平和效率经常打架是正常的，不打架就不正常了。

绝对公平是幻想。越来越公平才是理想。社会要发展，总有人要牺牲，不论战争，还是和平；不论过去、现在，还是未来。只不过牺牲的方式越来越文明，牺牲相对而言越来越少而已。

奴隶社会的奴隶连生命权都没有保证；到了封建社会后，农民的生命权和健康权有了起码的保障，却被牢牢束缚在土地上；资本主义社会中，工人们可以离开土地，获得了更多的自由，但是很多工人被束缚在机器上……

世界永不公平。

我们一直走在更公平的路上。

社会越发展，资源越丰富，资源流动性越强，社会越公平。

第六章

拥抱自由

第一节　走向自由

身体可以越变越"小"，世界也在越变越"小"。曾经遥远的，可以越来越近；曾经渺小到不可能看见的微粒，可以越来越清晰。人类，越来越自由。

"小"身体，大自由

一名26岁的卡塔尔女子6年前因为患上了肠道静脉血栓，不得不在医院接受了肝脏、胰脏、胃、小肠和大肠的移植手术。对于一名五重器官移植的患者来说，仅仅是能够活下来就已经是奇迹，可令人无比惊讶的是，这名女子竟然经过剖腹产生下了一名健康的女儿！

据了解，五重器官移植后的患者还能够怀孕并成功生子，这在全世界尚属首例，堪称医学奇迹中的奇迹。出席记者招待会时，这名女子用阿拉伯语激动地表示："当上母亲是全世界最棒的感觉。这是真主送来的礼物，简直就是奇迹！"

医学资料显示，截止到2011年，全世界只有600多人接受过五重器官移植，欧洲有过几例双重器官移植分娩的案例，但是五重器官移植后怀孕生产就是见所未见、闻所未闻了。这名女子的医生表示："对于一个五重器官移植的成年人而言，即使是设想一下生儿育女已经是一个奇迹了。让人最担心的问题在于，怀孕之后她的身体能否承受因妊娠而带来的巨大负荷，以及移植来的器官对于妊娠的反应如何。"

医生说，因为身体状况良好，这位妈妈甚至还可以再次怀胎生产。当被问及是否打算"梅开二度"时，这位奇迹妈妈笑称"当然愿意，因为这是真主的旨意"。

看着令人瞠目的真实故事，回望历史，我们不得不惊讶于人类在自由之路上已经走了多远。科技让人类和过去如此不同，曾经的不可能一个个成为现实，走进了平常人生！

曾经，我们人类和其他很多动物一样，一点失血都可能会导致我们的生命受到严重的威胁，更不用说切开病人的腿，或者打开病人的头颅。话说曹操为造建始殿，亲自挥剑砍了跃龙祠前的梨树，得罪了梨树之神。曹操当晚做了噩梦，惊醒之后就得了头疼的顽疾，遍寻神医，就是好转不了，更不用说根治了。有人举荐了神医华佗。华佗认为曹操的病是由中风引起的，必须用利斧劈开脑袋，取出"风涎"，才能去掉病根。即便是今天，剖开头颅也绝不能说一定安全，更何况将近两千年前，医疗水平何其朴素简陋！多疑的曹操以为华佗要借机杀掉自己，于是找借口将华佗关进监狱。一代神医屈死狱中！

如今，随着科技发展，人类可以通过截肢来保存生命。截肢就是在让我们变"小"，同时也意味着我们更自由了——因为我们失去了我们的一点"原件"（"原配"），我们可以照样活着，甚至于活得还不错。尽管有人始终在说，我们是多么的弱小、多么的脆弱，尤其在文艺作品的渲染之下，我们常常似乎成了连一只小蚂蚁都不如的可怜虫。但是在五花八门的伤病面前，在各种各样的自然灾害面前，在各种各样的意外事故面前……我们实际上是一天比一天强大，强大和自由到令我们自己都吃惊的程度。

古往今来，随着科学技术的发展，人类原来不能动、不能碰的器官现在不但能动、能碰，而且能换，甚至一个人的身体能够换掉好几个"零部件"，而且是"大件"！以至于换掉若干个零件以后，竟然依旧可以成功地生儿育女！可以想象，若干年之后，人类的零件可以越换越多，而我们人类，不仅可以正常地活着，而且活得很好！

这就说明了，人在越变越"小"！

人越变越"小"，小到我们突然发现，有些人熟悉的手不见了，熟悉的腿不见了，可这些人依然伸"手"不凡，健"步"如飞！

会不会有这样一天，我们生病的时候可以有两种选择，一种是"普通型"，去医院"修理"我们的"零部件"，另一种是"简易型"，当我们拿着医院的诊断证明和处方，直接去人造器官用品商店购买某种器官，就像买药一样，然后在特种人员的支持下很方便地换上器官，继续和从前一样的美好生活。

如果能够达到上面这样的便利程度，这将会是一种什么样的境界，人类已经自由到什么程度？长命百岁怎么可能还会是我们的目标呢？甚至于自己觉得某个器官用得不合适就索性换掉，反正效果都一样，就像我们有些人不喜欢自己曾经的长相就去美容一样。何等的自由！

或许有这么一天，当我们的大脑功能和大脑数据可以被完美复制，死亡或许就会成为一件很遥远的事情了！我们不仅可以毫无顾忌抛弃身外之物，甚至可以抛弃我们曾经的身内之物，成就完全新生。

当我们的大脑功能和大脑数据可以被完美复制，当一个全新的"我"可以经受高温、抗拒酷寒，那么人类登月、登上火星或者其他星球生活的梦想就没那么遥远了。或者，我们大脑中的功能和数据被完美拷贝下来，存储在一个微型的存储器当中。这个存储器携带着我们大脑中的功能和信息，在星际间穿梭，并会精心选择合适的地方安定下来，继续地球人的生命辉煌！那个时候，我们就成了外星人，人类的子子孙孙很可能会在其他星球上扎根，延续和弘扬人类的文明。

到那个时候，人类的自由程度简直会让我们无法想象，正如曾经的古人几乎无法想象他们的后人——也就是当今的我们——的自由程度一样。

什么是高度自由？不需要珍惜的自由才算得上高度自由，可以任意挥霍的自由才是高度自由。

当我们可以酗酒、可以好"五色"、可以好"五音"，当我们不必为胃肠肝脾肾的健康而整日纠结时，就是很不错的自由啊。我们可以不用再整天纠结于我们自己的"原装"的"零部件"，我们甚至于可以"糟蹋"我们自己的器官，乃至可以"糟蹋"我们自己生命的时候，那是何等的自由啊！

文明，让我们越变越"小"，却让我们越变越强大，越变越自由。

文明，让我们越来越少地依赖我们的肉体，越来越多地依靠现代科学技术。

神话中，哪吒三太子，借莲花再度化身现形；孙悟空，任凭千刀万剐，任凭烈火焚烧，依然真身不坏。曾经的神话中的自由，现如今，正一点一点地变成现实中的自由！

"小"世界，大自由

听听86版电视剧《西游记》的主题歌：

你挑着担，我牵着马

迎来日出，送走晚霞

踏平坎坷，成大道

斗罢艰险，又出发，又出发

啦啦……

一番番春秋冬夏

一场场酸甜苦辣

敢问路在何方，路在脚下

你挑着担，我牵着马

翻山涉水，两肩霜花

风云雷电任叱咤

一路豪歌，向天涯，向天涯

……

唐僧师徒四人为求真经，历经千辛万苦，历经多重磨难。

唐僧的原型，伟大的玄奘大师，冒越宪章，私往天竺，后经五万余里的长途跋涉，完成了他的历史壮举。

如果宇宙大爆炸理论符合宇宙变化的真实情况，我们生存的这个宇宙正在一天一天变大。不过，随着我们人类的努力，我们的地球以及我们整个宇宙，因为我们人类科学技术的发展和进步，正在越变越"小"，乃至地球已经成为地球村。

明清两代的优秀学子进京赶考是非常大的事情。一个云南学子或者贵州考生，在明清时期进京赶考，那就是最超级自助游了！不论路上凶吉多少，单是时间上就绝对不可能用小时来计算了。花上两三个月的时间顺利到达京城，就很完美了。如今，几个小时的飞机旅程可以飞往世界各地，几个小时的高铁行程能让我们阅尽祖国大好河山：两岸猿声啼不住，高铁已过万重山！

　　曾经，地球另一边的事情我们很多年以后才知道，新大陆的发现是变化的开始。如今，一瞬间，我们就知道了地球上每个角落发生的事情，网络让地球上各个地方的距离趋近于零。三藏法师如果生活在今天，佛祖的考察方式一定会发生重大变化，因为一封带着附件的邮件就将西天取经的伟业"成就"。

　　曾经，我们想下棋，想打牌，总得凑上一帮人来，三缺一、二缺二、一缺三总是让人心烦。如今，我们可以找人面对面地打牌下棋，也可以在网上和从未谋面的人打牌下棋。只要你的精力足够充沛，一天24小时，不愁没有人陪你下棋打牌！尽管，在网上，我们不知道陪我们打牌的是男、是女、是老、是幼，不知道他们身处何方。因为科技，纵然相隔千山万水，不能阻挡我们一起嬉戏玩耍！

　　曾经，家书抵万金！如今，家书可以天天有，时时有，也可以完全没有。因为只要有通信讯号，就可以用电话乃至视频通话排解相思之苦，表达我们的孝心，关心一下自己的孩子，与兄弟姐妹们一诉衷肠……

　　因为世界越来越"小"，我们越发自由。调好频道，我们就可以尽情享受"小"世界给我们带来的大自由了！

有心无心向自由

尽管我们的身体从来没有真正挣脱过生于斯、养于斯的地球，但是，当我们仰望落霞与孤鹜齐飞的美景时，当我们体验一行白鹭上青天的豪情时，我们的心情也在一起飞翔，诗情画意中总饱含着我们地球人对自由的无限向往！

在人类的想象空间不断发展而科学技术又暂时无法企及时，我们就一直用"心"追求着自由，用"心"倾诉着不懈的追求：

> 北冥有鱼，其名为鲲。鲲之大，不知其几千里也；化而为鸟，其名为鹏。鹏之背，不知其几千里也；怒而飞，其翼若垂天之云。是鸟也，海运则将徙于南冥。——南冥者，天池也。《齐谐》者，志怪者也。《谐》之言曰："鹏之徙于南冥也，水击三千里，抟扶摇而上者九万里，去以六月息者也。"

无论我们能否读懂庄子《逍遥游》中的这些文字，我们都知道，人类从古至今，有心也好，无心也好，都在不懈地追求自由！

那么，自由是什么？

自由就是需要得到满足的难易程度。

需要得不到满足就是不自由，能得到满足就是自由。需要很难得到满足就是很不自由，需要很容易得到满足就是很自由，需要在任何时候都可以随意得到充分满足就是绝对自由。

自由与获得利益的代价成反比：代价越大，自由度越低；代价越小，自由度越高。

自由，朝大了、最理想的状况说，就是绝对自由！

最接近绝对自由的是我们的祝福"心想事成""万事如意"所体现的境界！可不要小瞧了这两个祝福语，其实它们是世界上最大最牛的祝福语，不仅包含了这个世界上的所有祝福，还突破了不同祝福的局限和边界，达到祝福的至高境界！其他祝福语，在最强、最贴心的祝福语心想事成和万事如意面前，通常也就只能算是小儿科了。

但是，心想事成和万事如意离绝对自由算起来还差着一步之遥，原因是无论心想事成还是万事如意，要么需要心想，要么必须有意！绝对的自由是什么？绝对的自由是心想事也成，心不挂念事也成。

比如说，从小到大很多年，我们何曾反复挂念过，我的心脏一定要继续跳下去，我一定要继续呼吸，我的消化功能一定要保持良好？身体好的人活了十几年乃至几十年都没怎么想过和担心过这些问题，然而，我们却心跳不停，呼吸不止，消化功能不辍！

这差不多就是绝对自由了！

最绝对的自由是，无知无觉也好，有心有意也好，我们的需要都可以得到充分的满足。这可以算得上自由的最高境界。除了天地造化得来的生理机能之外，这种绝对自由的境界无人可以企及！试想，人生不如意还十之八九，又怎么可能达到事事如意呢？更不用说绝对自由了！

有些情况下，你知道了，你在意了，你挂念了，可能自由就少了，甚至自由就没有了。我们将一两碗的饭菜填进了肚子里，然后我们就不管不问了，因为我们身上总有那么一拨儿器官各司其职，将这些食物消化了、吸收了、处理了，这是何等自由啊！当有一天，你开始关注你的胃，关注你的肠，关注你的消化能力，可能是你"自知自觉"的能力更强了，可能是你年纪大了、更加珍惜生命了，也很有可能是你已经没有那么自由了！例如，一个每天关注自己血压的人，常常就是血压出了问题，身体上的自由必然受到了很多的限制。

自由，朝小了、实际的方面说，就是经过努力，一个需要、两三个需要、几个需要可以得到满足。

一个刚上班的年轻人，工资很低，不用说财务自由，连正常的生活都紧巴巴的，还要经常加班，于是时间上的自由也没有着落。不过年轻人非常刻苦，非常努力，而且很懂事，很快获得了领导和同事的认可，工作业绩也非常出众，加班越来越少，工作时间越发自由，工资也越来越多。这样，年轻人比起刚工作的时候，就要自由得多了，不仅财务方面要自由得多，时间方面也自由得多了。

孩子们的成长也是我们见证自由度的好例子。

最初，孩子必须和妈妈待在一起——孩子待在妈妈的肚子里，在黑暗里摸索，完全依赖妈妈；当幼嫩的娃娃呱呱坠地的时候，孩子们不仅不用继续躺在黑暗之中，还可以通过哭闹或者通过慢慢学会的语言来提出各种各样的要求，自由度明显强于胎儿；当他们学会翻身、学会坐起、学会走路时，孩子们的独立性越来越强，依赖性越来越弱，也就更自由了；当孩子们可以更好地表达思想和更自由地行动时，他们甚至于可以离开自己的父母和亲人，去和同伴们嬉戏，做一些以前必须依靠父母亲人的帮助才能够办到的事情；接着，当我们的孩子们在经济上也越来越自由时，人生最自由的时候或许就到了，他们几乎可以做一切事情！

一个人的自由如此，整个人类的自由也一样。

我们的祖先本是四肢着地，在树上的时候就是四肢着"树"，后来由于花样繁多的劳动，使得我们祖先的上肢必须承担越来越多的工作任务，后肢——下肢"迫不得已"渐渐地可以支撑我们的祖先了，我们祖先就朝着自由迈进了一步——上肢就自由啦！或许有人会说，四肢发达的虎豹跑起来多快啊！但是，人类的祖先四肢着地时能跑过虎豹吗？反过来说，当我们有了自由的手之后，我们可以创造出各种各样的交通工具，可以上天，可以入地，可以漂洋过海，可以在陆地上疾驰，又岂是虎豹之流所能比拟？

人类是世界上最自由的生物，经过上下五千年的进化，人类已经达到非常自由的程度。可是，我们每个人和我们整个人类从来没有满足过，我们总是在孜孜不倦地追求着自由。

上面说的主要是客观自由。

对于我们来说，自由永远是一种感觉，我们称之为主观自由。

我们身体灵活，行动不受限，这必然是自由。但是我们常常意识不到。当有人膝盖受伤，当个别人锒铛入狱，他们才如此清晰地感受到曾经的行动自由的宝贵。

一个小孩子，因为对自己父母的所作所为不满意，愤而离家出走。衣来伸手饭来张口的日子没有了，施舍来的一口饭都成为美食，施舍者成为再生父母。小孩子离家出走不见得做错了，但是家里曾经给过他非常大的自由，小孩子却没有感受到。

所以，主观自由和客观自由尽管情同手足，有时候却相隔千万里。

弄清楚主观自由和客观自由的关系很重要。因为，你感受到多少自由，你可能就会有多幸福。

　　自由，既是客观的，也是主观的。主观上感觉好，人的幸福感就强。客观上自由，主观上意识不到，就是身在福中不知福。

第二节　自由的根基：天命难违

发现规律，顺应规律，是自由的根基。

天命难违：顺规律者昌，逆规律者亡

两点之间直线最短。

这是什么？

这叫规律。

年代最久远的数学家——古希腊几何学家泰勒斯无法改变这个规律，中国当代数学家陈景润和华罗庚也无法改变这个规律，统一中国的秦始皇改变不了这个规律，最伟大的物理学家爱因斯坦也同样改变不了。

那么，没有人可以改变这个规律吗？

天定规律，当然也只有老天爷才能够"改变"规律！其实也谈不上改变，只是条件变了，规律就可能变成"错"的了。例如，在一个翘曲空间（做时空转换时所经历的空间）中，"两点之间直线最短"这句话就不对了，因为在翘曲空间中，一条直线所处的环境发生了根本变化。

总而言之，规律天定，除非决定规律的条件根本改变了！

人永远改变不了规律！老天爷也改变不了规律！

自然规律如此！社会规律如此！

有这样一个故事。

某人服兵役时，部队号召大家消灭老鼠，给每一个连队规定了要上缴的老鼠尾巴的数目：完成任务有奖，完不成任务要罚。

刚开始老鼠比较多，完成任务也不用花多大的力气。但是后来，老鼠越来越少，完成任务就非常困难了。

困难越大，越需要迎着困难想办法解决问题。于是有人想了一个办法，抓住老鼠后不将它杀死，而是剪掉老鼠的尾巴后养起来，让它去繁殖后代。因为老鼠繁殖很快，所以小老鼠就源源不断地繁殖并成长起来，于是养鼠人不仅可以自己完成上缴老鼠尾巴的任务，还可以在超额完成任务受到奖励后有剩余老鼠尾巴出售，因为有很多完不成上缴老鼠尾巴任务的人愿意花钱买老鼠尾巴。

因为有上级上缴老鼠尾巴的任务，而不是灭鼠的任务，一个非常奇怪的老鼠尾巴市场就形成了。上缴老鼠尾巴本是为了灭鼠，现在却成了养鼠的原因。

一开始大家都能够尽心尽力抓老鼠，但是环境改变了，似乎人性也改变了。其实不然！因为人性本身没有发生任何变化，变化的是同样的人性在不同条件下的不同表现而已，故事恰恰体现了人类创造性的趋利避害的本性。

一开始，因为老鼠数量丰富，所以战士们可以随时完成任务，乃至超额完成任务，而不至于要拿人品来交换利益。随着后来老鼠数量锐减，任务却不变，不抛弃人品就没有办法完成任务了，于是老鼠尾巴市场就形成了。维护好人品和符合道德价值观念也是利益，但是人品或者道德观念是否会被"抛弃"就要看另外的需要和人品道德需要之间的较量了。

一切在变，人类创造性的趋利避害的本性始终未变！

天地不仁！

规律常常不能顺合人意。

当我们想飞向远方的时候，我们希望地球引力比平时小得多。规律不随人所愿。我们奋力一跳后，依然结结实实地落在了大地上。

规律没有"好""坏"之分。当我们痛恨一种规律的时候，不会给我们带来任何好处，痛恨不可能革了规律的"命"。

一旦我们弄不清规律，在迷茫中违逆了规律，或者，我们懂得规律，却要侥幸逃脱规律的约束，我们就会受到惩罚。不管我们是揠苗助长，还是掩耳盗铃，还是削足适履，还是为虎作伥，最终受到惩罚的都是我们自己。

吴思先生所谓的潜规则，多是规律在背后起作用。例如，娱乐圈的潜规则，不就是钱、权、名、性之间的交易吗？这些都是人性的必然体现，都是规律在起作用而已，怎么会是潜规则？至于交易价码的确定，称为潜规则或许比较合适，大家默认的市价而已！

呜呼，顺规律者昌，逆规律者亡！

自由的根基，是规律。谁懂得规律越多，越会顺从规律行事，谁就越有可能收获更多的自由。

规则人订：尊重为本

我们非常熟悉三个和尚没水喝的故事：一个和尚挑水喝，两个和尚抬水喝，三个和尚没水喝。虽然人性尽显，毕竟过于简单。

还是让我们来看看七个和尚分粥的故事吧。看看和尚分粥的故事，我们可以体验一下规则是怎样影响人们行为的。

有七个和尚共同生活。他们本来没什么矛盾，但在早晨喝粥分粥问题上却渐起纠纷。原来，他们早上的每顿饭就是分食一锅粥。起初由一个和尚专门负责分粥，很快大家就发现这个人为自己分的粥多，给别人分的粥少。于是便换了一个和尚，结果还一样。后来大家不愿让一个和尚专门分粥了，改为轮流值日，轮到的人分粥。结果每个人只有一天能吃饱，其余六天都吃不饱。于是大家又改变了轮流分粥的做法，选举出一个大家信得过的和尚来分粥。大家普遍认为这位品德高尚的和尚还能保持公平，但不久这个和尚就开始为自己和溜须拍马的人多分，给其他人少分。

有了四个"前车之辙"，经过多轮次利益博弈，和尚们的才智和见识大有增长，发明了相当高级而富有层次感的分粥制度，大家选举产生了一个分粥委员会和一个监督委员会来分粥。从理论上说，这个分粥制度不可谓不完善，不可谓不美妙。分粥委员会和监督委员会同时成立，让内部人控制和营私舞弊的情况从理论上说很难再发生，公平似乎已经实现。可是，由于大家矛盾重重，常常因为粥多一点还是少一点而争论不休，所以每个和尚分得的粥量是差不多了，粥却凉透了。这种低效率的公平，常常掩盖着没有效率这一事实，实际上导致了对所有人的不公平。另外，由于分粥委员会和监督委员会之间的关系随着时间的推移可能会发生各种不可预料的变化，所以如果两个委员会最终关系极为密切，那么一拨人欺负另外一拨人的概率就很高了。

和尚们的智慧是无限的。七个和尚终于祭出绝招：一个个和尚轮流负责分粥，但是分粥人只能最后取粥，而且分粥和喝粥都在"阳光下"进行。制度取得了决定性的成果——粥分得又快又公平。轮流分粥，每个人分担同样的害（每一轮花费时间和精力来平均分粥），获取同样的最有效率的利（同样多的热粥），顺应人性的制度大获成功。

可以确定的是，自由的根基是天命——规律，不是某些人的意志——人定的规则。但是，我们可以看出来，人们制定的规则对于我们是否能够获得自由会产生很大的影响。原因其实很简单，人定规则，有顺应规律的，有不顺应规律的。顺应规律的，自然会给我们带来自由；违逆规律的，就很有可能会任自由远去，祸患来临。

　　自由的根基是天命——规律，而不是某些人的意志——规则。我们应当顺应规律，尊重规则。

第三节　自由的翅膀：激情和能力，一个也不能少

身内资源，不可或缺：激情和能力，一个也不能少。

激情：精神世界中的"酶"

一说到激情，很多人马上想到的是男女情人，似乎孩子和老人离激情就比较远了。其实不然，任何一个人，没有了生命的激情，就离人比较远了。

让我们从一百多年前，一个魔术"神杯"的故事开始。

一天，瑞典化学家贝采里乌斯在自己的实验室里忙碌着，一直忙到了傍晚时分，忘了妻子玛丽娅也正在家里忙碌着，准备款待来祝贺她生日的亲朋好友们。直到玛丽娅将他从实验室里拉出来，他才匆匆忙忙跟着回到家。一进屋，客人们纷纷举杯向他祝贺，他顾不上洗手就接过一杯蜜桃酒一饮而尽。在他喝到第二杯时，贝采里乌斯皱起了眉头，喊道："玛丽娅，你怎么把醋拿给我喝啊？"玛丽娅和客人们都愣住了。玛丽娅从酒瓶里倒出了一杯酒尝了尝，一点儿没错啊，就是香醇的蜜桃酒啊！贝采里乌斯把自己的杯子递给了玛丽娅。玛丽娅喝了一口，几乎全吐出来了："为什么甜酒瞬间会变成醋了呢？"客人

们纷纷凑近"神杯"，希望找到答案。

贝采里乌斯发现自己的酒杯里有一些黑色的粉末，再看看自己的手，沾满了实验室里研磨白金时沾上的铂黑。他兴奋地将手中酸酒一饮而尽。原来是白金粉末酿造了神奇，加快了乙醇（酒精）和空气中的氧气之间的化学反应，迅速生成了醋酸。

1836 年，贝采里乌斯在一篇论文中首次提出了"催化"和"催化剂"的概念。

在化学反应里能改变反应物的化学反应速率，既可能是提高速率，也可能是降低速率，而本身质量和化学性质在化学反应前后没有发生改变的物质，就是催化剂。

在生命体中，有数千种生物催化剂，我们把这些催化剂叫作"酶"。酶是具有生物催化功能的高分子物质，它们支配着生命的新陈代谢、营养和能量转化等许多生化过程，和生命过程密切相关的反应大多是酶催化反应。

教科书中对酶和无机催化剂进行了很专业的比较，让我这样的门外汉也大概知道了他们之间的相同和不同之处，不赘。在我看来，和无机催化剂比较起来，酶的最大特征应该是，酶已经完全内化在生命体中，成为生命不可或缺的一部分。没有酶，就没有生命。正因为有了酶内置于生命体中，才有了生命的持续，才有了大千世界中五彩斑斓、生机勃勃的生命们绽放着绚烂光彩。

而对于我们人类来说，激情就是我们精神世界中的"酶"。激情如此重要，它是我们精神世界的活力源泉。因为有了激情，我们才热爱生命，热爱生活，我们的生命才充满了色彩。失去了激情，我们就像行尸走肉，不再有积极的人生，生命里只剩下一块躯壳。

激情可以是生活上的，喜欢做各种各样的美味佳肴就是生活上的激情；激情可以是工作上的，为了完成工作任务我们心甘情愿地通宵达旦、日夜兼程；激情可以是求知方面的，为了追求真理我们情不自禁地忘记了身边的一切；激情可以是表面汹涌澎湃，内心波澜不惊；激情可以是表面平淡无奇，内心波澜壮阔………

激情绝不单单指强度高、持续时间短的情感，绝不仅仅是迅猛、激烈和难以抑制。持久应该成为激情更重要的特征。在我的字典里，持久的激情是一种比我们通常感受到的短暂时间内的激情更伟大的一种激情。这种激情具有伟大的持续性，让人在挫折和困难面前表现出非同寻常的心理上的坚持。持久的激情是人类战胜困难和挫折、实现人生目标的无限动力。

真正的生命激情不需要"鲶鱼"这样的催化剂，真正的激情完全内置于我们的精神世界之中。

爱因斯坦在悼念居里夫人的时候说道："由于社会的严酷和不公平，她的心情总是抑郁的。这就使得她具有那严肃的外貌，很容易使那些不接近她的人发生误解——这是一种无法用任何艺术气质来解脱的少见的严肃性。一旦她认识到某一条道路是正确的，她就毫不妥协地并且极端顽强地坚持走下去……她一生中最伟大的科学功绩——证明放射性元素的存在并把它们分离出来——所以能取得，不仅是靠着大胆的直觉，而且也靠着难以想象的极端困难情况下工作的热忱和顽强，这样的困难，在实验科学的历史中是罕见的。"

支撑居里夫人克服历史上罕见困难的伟大动力，就是无比持久的激情，一个身体既不魁梧也不足够健康的女性的精神世界中绽放出来的最伟大的生命激情！

从人的胆和地的产之间的关系看能力

1958年8月27日，《人民日报》发表社论"人有多大胆地有多大产"。

这是中央办公厅派赴山东寿张县了解情况的同志写回来的信：

> 这次寿张之行，是思想再一次的大解放。今年寿张的粮食单位产量，县委的口号是"确保双千斤，力争三千斤"。但实际在搞全县范围的亩产万斤粮的高额丰产运动。一亩地要产五万斤、十万斤以至几十万斤红薯，一亩地要产一两万斤玉米、谷子，这样高的指标，当地干部和群众，讲起来像很平常，一点也不神秘。一般的社也是八千斤、七千斤，提五千斤指标的已经很少。至于亩产一两千斤，根本没人提了。这里给人的印象首先是气魄大。
>
> 这里干部的看法是，……
> ……
> 足水足肥加深耕，在此基础上放手密植（当然要有限度）再加上他们的"田间管理如绣花"，亩产万斤就成一个现实的事物了。万斤运动能否普遍推广而不局限于小块土地试验，在水利已基本解决的条件下，看来主要是两个问题：一是肥料；二是劳力。他们解决肥料，除大搞土化肥外（有些社已生产到每亩五十斤），主要靠拆破房、刮地皮，肥料中土肥占80%。而土肥主要是靠劳力换来的，所以中心还是劳

力问题。

……

他们的钢铁姑娘或钢铁姐妹，住到田间，专管高额丰产田，每人平均还需要管二亩地呢！他们今年的计划实现了，平均每人就能生产六七万斤粮食。看来，只要干劲鼓得足足的，加上积极改良工具，普遍搞万斤运动（如果需要的话）不是办不到的事。

……

目前下面对争取秋季大丰收的劲头是很大的，但对收获后如何保管，普遍没有准备。我们问乡社干部和群众时，最初他们都是"粮食多了还怕没办法？""那由国家买吧！"经过算细账才大吃一惊，才觉得粮食多了也有问题。特别在寿张，光红薯一项大约每人平均要收四五万斤，该县大部地区是滞洪区，房子很小，以往的一点点粮食还都是放在院子里囤起来，今年不早些打主意，非吃大亏不可。这一点，我们已向县委讲了。

套用《中国青年报》文章（原载《中国青年报》1958年6月16日第四版，作者钱学森）的话就是："前年卖粮用箩挑，去年卖粮用船摇，今年汽车装不了，明年火车还嫌小！"

对比一下今昔，就知道山东寿张县的同志们的牛皮吹到了什么程度。

2014年12月20日《羊城晚报》B4刊登了李开周的"水稻产量演变趣说"，报道了"中国的水稻亩产创造出1026.70公斤的新纪录"：

2014年10月10日，经农业部组织专家验收，湖南省溆浦县第四期"超级杂交稻示范片"亩产超过1000公斤，创造了1026.70公斤的新纪录。

毫无悬念的是，这个纪录仍然是由举世闻名的杂交水稻专家袁隆平先生所带团队创造出来的。

据说，1958年，夏收作物收成较好。在层层批判"右倾保守思想"的风气下，各地很快刮起了自下而上虚报产量的浮夸风，《人民日报》报道山东寿张县亩产万斤粮的调查报告时，用了《人有多大胆，地有多大产》作通栏标题，胆子是真够大的了。

伟大领袖毛主席非常重视人的主观能动性，尽管主席的思想表达可能偏左了一些。毛泽东在组织撰写并亲自修改过的《留守兵团政治工作报告》中明确提出：在一定的物质基础上，思想掌握一切，思想改变一切。

这句话具有很强的鼓动性，尤其是在革命战争年代，这种鼓动作用非常明显。这句话充分强调了思想或者说激情在我们处理各种各样事情时的重大作用。

但是，这句话本来就有左倾的意思，稍不注意就会"左"得很远。在大跃进的年代里，能力和水平被抛到九霄云外，激情和牛皮就可以决定一切了。然而，当虚假的激情不再，当牛皮被最终吹破的时候，我们就又从空想和幻想摔落回现实，我们就明白了没有能力，任何激情都只能铸就幻想。

历史上，唐僧对于去西天取经的激情，应该是无人可及的了。但是，如果没有唐僧自己对于佛经的深刻理解，如果没有斗战胜佛的一路降妖除怪，如果没有八戒一众的鼎力支持，如果没有领导、亲戚、朋友们关键时刻的两肋插刀、出手相助，唐僧应该不是走着去西天，而是早已驾鹤西游了。

激情与能力，一样也不能少

《西游记》中，唐僧师徒五人（不能忘了白龙马）就是能力和激情共聚从而最终实现西天取经目标的典范。在这五个人之中，核心二人组——唐僧和孙悟空——构成了取经的基本人力资源。

对于取经这样一个目标来说，唐僧属于永远充满激情的那个人。历经九九八十一难，唐僧几乎从未有过动摇，执着于去往西天，取到真经。或许唯一一次有过转瞬之间动摇的时候，要算是在女儿国了。女王倾慕唐僧风度，有意招他为夫，并让出王位。猪八戒极为期待，怎奈唐僧始终不从！如此执着的取经者，想要取经不成，其实倒是一件难事。

但是唐僧却是一个手无缚鸡之力的文和尚。在师徒五人之中，除念经之外，唐僧是最没有能力的。当然，唐僧还有一个能力，就是通过"亲戚关系"获得了拯救孙悟空的机会，并且获得了随时可以折磨孙悟空的能力。孙悟空对于唐僧来说，其实就是能力的扩张。孙悟空的本领虽然不是唐僧本人的本领，但是只要孙悟空能够忠诚于唐僧，孙悟空的本领也就是唐僧的本领了。

孙悟空属于能力超凡但是比较缺乏取经激情的人。就像现实中的很多人，非常聪明，也很能干，但就是缺乏做大事的目标，以至于终其一生，也没有做成什么事情。这就有点儿像没有戴上紧箍咒的孙悟空，一不开心就云游四海、快乐逍遥去了。孙悟空要是遇不到唐僧，这一辈子就待在云里雾里了。

如果说师徒五人取经的整个过程意味着一个人的一生，那么我们当然少不了唐僧的取经激情，也绝然少不了悟空的战斗能力。另外，对于我们每个人来说，伟大的奋斗目标并不是生活的全部，专业技能也不是什么时候都能用得上的，所以，我们就会感受到猪八戒的价值、沙僧和白龙马的价值了。

人生苦短。这样看来猪八戒就非常重要了。漫漫人生路，谁不希望自己的日子过得舒坦一些、开心一些。唐僧若有先知，也一定希望佛祖不要在取经路上安排九九八十一难啊！既然苦难命中注定，那么八戒的"乐观主义革命精神"就尤其可贵了！没有了八戒的苦中作乐，人生的乐趣就少了很多！

不要忘了沙僧和白龙马。我们从来不关注的英雄，常常都是像沙僧和白龙马这样的人。沙僧还算是经常露露脸，白龙马是不到万不得已从不现真身的。但是，就是这样两个人，支撑着几乎西行路上的全部辎重，任劳任怨，无怨无悔。人人都希望自己是唐僧、孙悟空甚至猪八戒，可是没有沙僧和白龙马处理这些看似平凡无奇、日复一日年复一年的繁重无聊的工作，怎么会有孙悟空的腾云驾雾、翻江倒海，怎么会有唐僧的轻松诵读、静心思取经，又怎么会有八戒的色眼迷离、闲情野趣？所以，激情并不一定是降妖除怪，闲情野趣，激情万千种，逆境中的顽强也是一种激情，踏踏实实和任劳任怨做事情也是一种激情……

可见，不论是完成大事，还是处理好一件小事情，激情和能力，一个都不能少。

生命体没有了酶，生命走向终结；生命体没有了激情，人就宛如行尸走肉；激情没有能力的支持，一切梦想都是空想。

第四节　四字诀

接受现实和积极进取离不开好心态，智慧归因和理性预期依赖科学和智慧。

接受现实：我们改变不了过去

有人问万科集团董事长王石：你最尊敬的企业家是谁？王石思索了一下，说出了一个人的名字。这个名字，不是比尔·盖茨，不是沃伦·巴菲特，不是李嘉诚，而是一位中国大陆的老人，一位曾经跌倒过并跌得非常惨的老人。

这个老人就是褚时健！

1979年，褚时健担任了当时并不出名的玉溪卷烟厂厂长，那一年，他51岁。熟悉褚时健的人说，当褚时健看到国外著名香烟品牌万宝路时，他就一心想创造中国自己的高档香烟品牌。褚时健以非凡的胆识和能力，披荆斩棘，以18年的拼搏，使一家小厂成长壮大为每年利税991亿元的大型集团。掌声和荣誉一路同行：1990年，他被授予全国优秀企业家终身荣誉奖"金球奖"；1994年，他被评为全国"十大改革风云人物"，走到了人生的巅峰，成为中国烟草大王，成了时代的英雄！

世界风云变幻，人生总有起落！

1995 年，褚时健的女儿褚映群被人举报贪污后，在狱中自杀。听到如此悲恸的消息，褚时健不禁潸然泪下，老泪纵横。那一年中秋节，褚时健一个人蜷缩在办公室，盖着一条毯子看着电视，无比悲凉！

悲剧远没有结束。1999 年，褚时健因为贪污 174 万美元，被判无期徒刑。此时，老人已经 71 岁了！曾经的烟草大王，曾经的改革风云人物，身陷囹圄！

褚时健后来有如此供述："当时新的总裁要来接任我。我想，新的总裁来接任我之后，我就得把签字权交出去了，我也苦了一辈子，不能就这样交签字权。我得为自己的将来想想，不能白苦。所以我决定私分了 300 多万美元，还对罗以军（褚时健时代红塔集团的总会计师）说，够了，这辈子都吃不完了。"

很多人对他的入狱表示无限惋惜。

有人做过这样的比较：

1996 年（褚时健被调查的第二年），美国可口可乐公司总裁的收入为 885 万美元，外加 2500 万美元购股权；迪士尼公司总裁年收入是 850 万美元，外加 1.96 亿美元的购股权。如果按照同样的比例，红塔集团的销售总额距离世界 500 强并不遥远，作为红塔集团的最高管理者，褚时健所应得到的报酬要远远超过（法院认定的贪污和不明财产）174 万美元。但是，他 18 年的收入加奖金不过 80 万人民币。他每为国家贡献 17 万自己才得到一块钱。

尽管争议巨大，最终，云南省高级人民法院宣布了据说是十易其稿、被称为"现代法律文书的典范"、长达8000字的判决书，以巨额贪污和巨额财产来源不明罪判处褚时健无期徒刑，剥夺政治权利终身。

有道是，由俭入奢易，从奢入俭难！

出人意料的是，老人没有垮掉。他先是获得减刑，改为有期徒刑17年，后来又由于身患严重的糖尿病而获批保外就医，回到家中养病。按照通常的人生轨迹，褚时健能够在老家颐养天年，就是最好的结局了。

更出人意料的是，褚时健尽管已经75岁高龄，身体又不好，却还是承包了2000亩的荒山，开种果园。他所承包的荒山刚刚经过泥石流的洗礼，一片狼藉，纯粹属于"鸟不拉屎"的地方。困难重重，却不能阻止他的疯狂行为。褚时健带上自己的妻子，进驻荒山，脱掉西装，穿上农服，俨然一名不折不扣、地地道道的农民。

褚时健为什么种橙，江湖上流传着很多种说法。

但不管什么原因，褚时健做起来了！

白手起家远比我们想象得要困难得多。橙子刚挂果时，年年都有新问题，果树不是掉果子，就是果子口感不好……这个没有太多爱好的老人，买来书店所有关于果树种植的书，一本接一本地看。后来橙子不掉了，但口感淡而无味。褚时健不敢将这种果子卖到市场上，怕砸了牌子。那时褚时健睡不着啊，半夜12点还爬起来看书，经常一弄就到了凌晨三四点，最后得出结论，一定是肥料结构不对。第二年，褚时健和技术人员改变肥料配比方法，果然，口味一下就上来了。褚时健说：

"好的冰糖橙，不是越甜越好，而是甜度和酸度维持在18：1左右，这样的口感最适合中国人的习惯。"

2002年，爱好爬山的王石来到了云南，开了8个小时的车上了哀牢山，看到褚时健穿着汗衫，和农民为修水渠80元的价格讨价还价，兴致勃勃地讨论橙子挂果，感慨万千："我非常受启发。褚时健居然承包了2000多亩地种橙子。橙子挂果要6年，他那时已经75岁了。想象一下，一个75岁的老人，戴一个大墨镜，穿着破圆领衫，兴致勃勃地跟我谈论橙子挂果是什么情景。2000亩橙园和当地的村寨结合起来，带有扶贫的性质，而且是环保生态。虽然他境况不佳，但他作为企业家的胸怀呼之欲出。我当时就想，如果我遇到他那样的挫折、到了他那个年纪，我会想什么？我知道，我一定不会像他那样勇敢。"

转眼十年！

褚橙进京！

橙叶形状的Logo："传橙·传承：人生总有起落，精神终可传承。"

褚时健的勤奋和执着，让千亩荒山变成了绿油油的果园，让诸橙变成了令人无比尊敬的励志橙。

得知"褚橙"首次进京的消息，远在美国的王石在微博上留言："巴顿将军说过，衡量一个人的成功标志，不是看他登到顶峰的高度，而是看他跌到低谷的反弹力。"

很多人认为褚时健非常坚强，他的积极进取是他最值得我们学习的地方。我当然认可这种观点，因为褚时健确实非常坚强，也确实太积极进取了，试想，将近八十岁的人，尽然可以以慢工出细活的心态来做事业，来进行二次创业，这是何等坚强的心态！

但是，我认为，问题的根本在于能否接受现实。只要接受了现实，接下来的事情，对于像褚时健这样的人，就没有那么复杂了：沿着曾经的生活轨迹、工作轨迹继续往前走。这叫作惯性！惯性是世界上最伟大的力量，所以老人只要接受了现实，成功必然不可阻挡。

苏轼一直以来是我最崇拜的中国古代名人。东坡先生一生备受打击，三起三落，最终病逝于回京的路上。但是，苏轼无论是在狱中，还是在被贬的任何地方，都能够以非常积极的生活态度对待自己、国家和平民百姓。人生历程，无论辉煌，还是没落，都只是生命中的一部分而已。

归去，也无风雨也无晴！

接受自己，就是接受过去，接受可能的将来。

接受现实，接纳现实，接纳自己，接纳环境，我们就有了自由和幸福的基础。

智慧归因：错了又何妨？

话说有一个秀才第三次进京赶考，住在一个曾经住过的旅馆里。

考试的前两天，他连续做了三个梦，第一个是梦到了自己在墙上种白菜，第二个梦是下雨天，他戴了斗笠还打着雨伞，第三个是梦到自己跟心爱的表妹脱光了衣服躺在了一起，不过两个人是背靠背躺着。

秀才觉得这三个梦颇有深意，赶紧去找算命先生给自己解梦。算命先生听完三个梦之后，猛拍大腿，连声说道："你还是速速打道回府吧。你想想，高墙上种菜，那不是白费劲吗？

戴斗笠还打着雨伞，这不是多此一举吗？跟表妹都脱光了，躺在一张床上，却背靠背，不就是没戏了吗？"

秀才一听，心灰意冷，回到旅馆，不再想考试的事情，径自收拾包裹准备回家。旅馆老板非常奇怪，问道："明天不就考试了吗？你为什么现在回家，难道多年的努力要这样付诸东流吗？"

秀才一开始还不愿意说，后来一想，反正也无所谓了，就如此这般将三个梦和算命先生的解梦之语一一道来。旅馆老板一听，乐了，说道："哈哈，我也会解梦的。你赶紧将包裹放好，听我给你解释。"

秀才将信将疑，只听老板说道："你这次一定要留下来，而且一定是好运连连呢！你想啊，墙上种菜不是高中（高种）吗？戴斗笠还打伞不是说明你这次有备无患吗，不就是双保险吗？跟你表妹脱光了背靠背躺在床上，不就是翻身的时候到了吗？此次不留，更待何时？"

秀才一听，非常有道理，于是打了鸡血一般去参加考试，居然中了个探花。

故事说到这里，就需要讲讲道理了。

秀才分析自己三个梦的行为，就是在归因。秀才有感于事件的重大，也因为梦境难以捉摸，所以找了别人帮忙归因。结果，我们非常清楚地看到了，归因是把"双刃剑"。按照算命先生的话，秀才已经准备打道回府，多年心血眼看着付诸东流，好在旅馆老板及时给他指点了迷津，激励秀才一举中了探花！

旅馆老板的归因是真智慧！

归因是"剑"！解释竟可以决定命运！

我们再来看看一个归因故事。

1677年，一个名叫列文虎克（Antonievan Leeuwenhoek）的荷兰人用显微镜观察了自己的精液。在这之前，欧洲人曾经认为精液里有无数个微型的小人，男人们将这些微型的小人植入女性的身体中，让这些小人最终长大成人。这就是当年欧洲人对于人类生殖的归因。然而，列文虎克在显微镜下却没有发现微型小人，而是发现了一颗颗游动着的小蝌蚪。

大约200年后，也就是1875年，德国生物学家赫特维希（Oskar Hertwig）首先在海胆上发现从精子入卵至雌雄两原核融合的受精过程，胚胎学上争论200多年的唯卵学说和唯精学说，至此得到合乎事实的解答。我们终于知道了人到底为什么要性交，性和生殖究竟是什么关系。

很多年前，人们认为，精液必须射入子宫内才会让女人怀孕，不孕症的原因是男人射精时的力道不足，射不进去。最终修正这个错误认识的是一个名叫金赛的人。他是公认的第一位真正意义上的性学大师，是他改变了人们一直以来的这个错误归因。

金赛（Alfred C. Kinsey）最初是研究昆虫的昆虫学家，后来因为开设婚姻指导课，终于走上性学研究之路。在他和伙伴们的精心研究下，1948年出版的《男性性行为》一书，不到一个月就卖出了20万册。1953年他又出版了同样畅销的《女性性行为》。这两本书最大的贡献是证明了手淫是一种非常正常的行为。据金赛调查，美国成年男性的手淫比例几乎是百分之百，女性的比例也很高。这些事实让很多美国人长出了一口气，也应该让我们众多读者长舒一口气了。金赛还发现美国人婚前性行为十分普遍，相当多的女性家里存有手淫器具，至少有10%的美国男人有同性恋倾向，甚至有17%的农场小伙子和自家饲养的家畜有过性行为！

曾经玄而又玄的关于生殖、性生活等诸多问题的错误归因在金赛的调查结果面前黯然失色。只不过，那些还不知道事实真相的人们或许还在用错误的归因戕害自己，伤害别人，各自在痛苦之中煎熬！

我们每天都得进行无数个归因：为什么今天早晨她只吃了一口饭就出门了，肠胃不好，心情不好，饭做得不好，因为没有吃饭时间？为什么今天车堵得比平时厉害了许多，是哪里出了一起交通事故，是哪里在修路，是有交通管制，还是我的感觉出了问题？今天老板刚到办公室就怒气冲冲，昨晚和他老婆吵架了，小三儿找他麻烦了，公司出现什么问题了，公司资金链断裂了，重要的合同没有签下来？……

我们追求的归因通常可以分成两类。

一类叫科学归因。因为人类科学技术发展上的局限性，由于大千世界的复杂程度，科学归因永远在路上。

另一类叫智慧归因。一个智慧归因可能属于错误归因，但是我们真正讨厌的归因是缺乏智慧的错误归因。错误归因不见得会害到我们，智慧归因更是如此。智慧归因体现出人类的生活智慧，有时候是我们可以做到科学归因但是偏偏不去做，因为智慧归因更有利于我们；有时候是我们无法做到科学归因，所以就应该充分展示我们人类的智慧了。

我们要做的，是科学地解释世界。如果需要，我们可以智慧地解释世界，解释事件，解释自己，解释家庭，解释别人，解释一切！

理性预期：人人都是算命先生

美国著名的经济学家罗伯特·卢卡斯（Robert·Lucas），理性预期学派的重量级代表人物，倡导和发展了理性预期与宏观经济学研究的运用理论，深化了人们对经济政策的理解，并对经济周期理论提出了独到的见解。为表彰他对"理性预期假说的应用和发展"所作的贡献，1995年他被授予诺贝尔经济学奖。

只可惜，一代理性预期的大师，却没有能理性地预料到自己会获得诺贝尔经济学奖，更没有预料到自己会在1995年获得此项大奖。但是，有人理性地"预期"到了这一点，并且因此获益颇丰。这个人，就是卢卡斯的前妻，如同女巫一般的丽塔·科恩。

美国经济学家罗伯特·J·巴罗（Robert J. Barro）在《不再神圣的经济学》中这样写道：

> 1995年10月，当得知我以前的芝加哥大学同事罗伯特·卢卡斯荣获诺贝尔奖时，我简直欣喜若狂。我不顾当时还是芝加哥时间的清晨6点30分，就急切地往他家打电话。但令人遗憾的是，电话却打到他的前妻丽塔那里（通讯录上记的卢卡斯的电话号码还是1984年我和他一起在芝加哥大学共事时他给我留下的）。很明显我把丽塔从睡梦中吵醒了，但是很快她就清醒地问我为什么这么早给卢卡斯打电话，我告诉她是为了祝贺卢卡斯获得诺贝尔奖。出乎我的意料，丽塔听了这个消息后非常高兴而且非常激动。不过，

她的第一个问题令我更吃惊，她问："卢卡斯是单独获奖还是和别人一起获奖的？"当我回答他是单独获奖时，丽塔显得更加兴奋了。

第二天，我才得知在丽塔与卢卡斯的离婚协议上已经写明，她将得到卢卡斯1995年诺贝尔奖奖金的一半。因此，前一天早晨我在不经意中告诉丽塔她将得到50万美元；而且，她最终也得到了这笔意外的财富。无论丽塔如何高兴，也无论她对卢卡斯是单独获奖还是与别人共同分享奖项而感兴趣，卢卡斯并没有因为我打电话给丽塔而不悦，而且当他在新闻发布会上谈到离婚协议时，他毫无怨言地说："协议就是协议，我们理应遵守。"

卢卡斯和他的前妻丽塔·科恩于1982年分居，双方在1989年正式办理了离婚手续。离婚的时候丽塔提出来，如果卢卡斯在1995年底以前获得诺贝尔奖，她需要分得奖金的一半。卢卡斯没有经过理性地预期，就漫不经心地同意了丽塔的要求。卢卡斯认为丽塔简直是开玩笑，因为得到诺贝尔奖哪里有那么容易。但是，激动人心的消息在1995年10月10日从瑞典的斯德哥尔摩传来，卢卡斯获得了诺贝尔经济学奖。这一天离他和丽塔之间约定的分奖金的最后期限只差了不到三个月的时间。尽管卢卡斯为自己没有"理性预期"感到非常后悔，但是他还是严格遵守了协议，将奖金分给了丽塔一半。

卢卡斯的理性预期假说强调：人们会根据经济环境的变化来调整自己的经济行为，人们会积极地搜寻与自己利益有关的信息，无论是大道消息还是小道消息，然后根据这些消息加以分析利用，从而采取相应的对策。卢卡斯的理论预期理论不仅可以运用在经济学领域，还可以运用到其他各种各样的领域之中。

理性预期并不是从卢卡斯开始的，中国古代的诸葛亮和伟人毛泽东都曾经做过伟大的理性预期，并取得了无与伦比的成就。

想当初，在刘备不知何去何从、进退维谷之际，有人力荐刘备请诸葛亮出山。三顾茅庐，刘备终于见到了诸葛亮。诸葛亮的一番言论立即将刘备征服了。诸葛亮在《隆中对》（也叫《草庐对》），综合了自己可以获得的各种大道消息和小道消息，分析了刘备的朋友和敌人，分析了刘备赖以生存的土壤和根据地，分析了刘备的优势和劣势，得出了天下将三分的结论，并进而得出一旦机会出现将可以光复汉室的结论和方法。

诸葛亮在刘备三顾茅庐之前并没有什么军事方面的实践经验。但是，凭着对社会矛盾研究的满腔热情（激情），依据自己能够搜集到的各种信息，诸葛亮对当时的国际形势了然于胸，从而轻松说服刘备，成为刘备手下最得力谋臣，甚至最后都到了刘备说出诸葛亮可以取刘禅而代之的地步，可见双方信任关系于一斑。后来的形势发展基本上印证了诸葛亮的绝大多数设计，足证理性预期之恐怖！

毛泽东成为伟人没有任何偶然性。任何人看看毛泽东的各种著述，也会感叹毛泽东对中国社会、中国革命和中国农民、农业和农村问题的了解非常人所能及。毛泽东在比较充分地掌握了中国革命的各种信息的基础上，写出了名垂千古的《论持久战》。

据说，当年蒋介石读到毛泽东的《论持久战》时，也是惊叹不已，叹服于毛泽东对中国社会和中国战争的形势和规律的把握程度。蒋介石毕竟也是响当当的人物啊！能够让常年相互为敌的老对手叹服，可以想见毛泽东在理性预期上做得多么的超凡卓越！

理性预期的要点在于要根据客观形势的变化，尽可能多地搜集各种信息，并对形势和信息进行精心分析，从而提出设想和对策。比较符合客观实际的理性预期常常会获得接近现实发展的结果。

理性预期不是刻舟求剑，不是根据过去的事实对将来做出判断，而是通过对过去的事实和搜索到的不断变化的情况进行充分分析，最终达成对将来的理性的预期。

积极进取：想好的节奏是这样子的

想好的节奏是这样子的：一，皮厚一些；二，皮再厚一些；三，皮更厚一些。

皮厚的极限：在不影响身体机能的前提下，脸上除了皮，还是皮。

中国人惜脸皮如金。有些人才高八斗，却皮薄且脆，汉代才子贾谊是为杰出代表。

贾谊从小博览群书，诸子百家无所不通。受贵人推荐，汉文帝即位后将贾谊招入中央政府，封为博士。这博士不是写完学术论文后获得的学位，而是相当于现在的中央政府智库成员。每一次，当汉文帝向大家提问的时候，其他人经常答不出来，学富五车的贾谊却滔滔不绝，对答如流。不到一年，汉文帝就破格将贾谊提升为太中太傅——同样是智库成员，但级别更高。贾谊向汉文帝提出过很多建议，其中有著名的《论积贮疏》。

不过，由于得罪了功臣元老以及汉文帝的宠臣佞悻邓通，贾谊非但没有继续升迁，还不幸遭贬，成为长沙王太傅，也就是长沙王的老师。地处偏远南方，贾谊想起伟大的前辈屈原，写出名篇《吊屈原赋》，既表达了对屈原的崇敬之情，也抒发了自己的郁结怨愤之气。

不幸却未止步。

汉文帝十一年，贾谊身为梁怀王太傅。梁怀王刘揖入朝，骑马摔死了。贾谊心情非常沉痛，认为自己作为太傅没有尽到责任，哭泣不已，无比忧郁。

汉文帝十二年，贾谊辞世，年仅三十三岁。满腹经纶，尽随忧郁悲愤失落而去。

有感于贾谊的才华和早逝，毛泽东赋七绝一首怀念贾谊：

> 贾生才调世无伦，
>
> 哭泣情怀吊屈文。
>
> 梁王堕马寻常事，
>
> 何用哀伤付一生。

本来，梁怀王刘揖骑马摔死，和贾谊一毛钱的关系可能都没有。即便是有关系，毕竟是意外，贾谊又有什么必要忧郁不绝、哭泣不止呢？才华横溢的贾谊，却认不清简单道理，管不住自己的情绪，三十三岁了却一生！

人生处处皆辉煌，毫无起伏，连剧本都无法这样设计情节，肉体凡胎岂可达此境界？

与命运多舛的苏轼比起来，贾谊的人生境界差了太多。苏轼绝对是想好的节奏，贾谊肯定不是。刻薄一些说，贾谊的情商大致相当于祥林嫂：说想好，却连情绪都管不了！

自责可以，但无原则无休止的自责就完全可能酿造悲剧。

如果贾谊皮厚一些，再厚一些，更厚一些，怎么会在忧郁中了却此生呢?

必须复习一下想好的节奏:

一,皮厚一些;二,皮再厚一些;三,皮更厚一些。

无原则无休止的自责可以毁人不倦,自卑亦同。

无原则无休止的自卑会让人皮薄,会成为我们想好的巨大阻力,会成为我们不想好的强大推动力。

奥地利著名心理学家阿德勒认为,"自卑"其实是中性的,自卑者完全可成大器。

阿德勒认为,每一个童年都有自卑的经历,因为每一个孩子不依赖成年人就无法生存,在强大的成年人面前,自卑不可避免。儿童当然不愿意永远处于这种依附的地位,正如阿德勒所言:"所有的儿童都有一种内在的自卑感,它刺激儿童的想象力并诱发儿童试图去改善个人的处境,以消除心里的自卑感。"

阿德勒将这种心理机制称为心理补偿。日常生活中心理补偿的例子数不胜数:双目失明的盲人会全力发展他的听觉和触觉,下肢残疾的人会全力发展他的上肢能力,聋哑人会全力发展他的肢体表达能力。一个人的缺陷感越大,自卑感可能会越重,就会越敏感,个体寻求补偿的愿望也就越迫切,所以孱弱的儿童往往比健全的儿童更敏感、更好胜。

补偿的最优结果是超级补偿,卑劣地位被转化成为优势地位,例如狄摩西尼由严重口吃者转变成为希腊的第一演说家,保尔·柯察金从一位高位截瘫的残疾军人变成一位"钢铁是怎样炼成的人"……

在自卑中拌上大量的自恋和自信,让自责在反思中渐渐平淡,让后悔和懊恼随风飘远,让积极进取如影随形般陪伴我们终身，无论我们身在何方，身处何境地。这是想好的节奏。

皮厚一些，再厚一些，更厚一些，积极进取，做好自己的事，让别人去说吧。

四字诀，通往自由之路

人生就是一个不可逆转的过程，自生而始，到死而终，没有人可以逃脱这样的自然规律。因为殊途同归，因此人生最关键的是过程。

有的人活得富足而自由，并且非常幸福；有的人令人羡慕地活着，却找不到幸福感；有的人尽管生活自由度并不高，但是幸福感却如影随形；还有人生活得既不自由，也不幸福……

怎样才能让自己更自由些、更幸福些呢？没有灵丹妙药。但是，总有些科学技术，总有些思想观念，总有各种各样的办法，会帮到我们。

四字诀就是不错的方法。

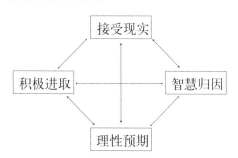

接受现实是我们一切作为的基础。我们的双脚可以离开地球，我们却永远不能离开现实。

现实就是到此时此刻，过去的一切打下的烙印，留下的影响。我们活在现在，可以畅想未来，但是我们改变不了过去。

所以，面对过去，除了接受，坦然地接受，我们无法企图改变，哪怕一星半点儿。

过去的意义在于，没有过去，就没有我们的现在。

过去的意义还在于，因为过去，我们可以预测未来。

在过去和未来之间，是现在；在预测未来和反思过去之间，是智慧归因。

如果能够做到科学归因，力争做到。但是，科学技术上的限制，我们自身知识能力上的欠缺，都让我们经常无法做到科学归因，智慧归因可以弥补科学归因经常缺失所带来的缺憾。

理性预期是一门超级学问，人皆有之，能力不同而已。在当今瞬息万变的时代，能够预测哪怕是一小点未来，就会成就了不起的伟业。

任何时候，积极进取都是人生更加自由和幸福的基础。既能够做到接受现实，又能够积极进取，既可以满足于现实的方方面面，又可以眼看长远，追求美好，这是何等的境界，想不自由恐怕都不是一件容易的事情吧。

四字诀中，接受现实是基础，是智慧归因的基本前提，智慧归因又是理性预期的根本保证，最终当然都要落实到积极进取的行动当中。无论走到哪一步，接受现实和积极进取都应当同时存在，任何时候都不可只顾其一，不管其二。

四字诀的应用非常灵活，循序渐进，每一个步骤都可以和其他任何一个步骤相互逆转，相互之间可以随机地调整和对应。

正确理解四字诀，灵活运用四字诀，应该管用！

接受现实，智慧归因，理性预期，积极进取。四字诀了然于胸，自由近于必然。

第七章　和幸福在一起

第一节　世界难题：幸福是什么？

普天之下之王土，率土之滨之王臣，山珍海味，三宫六院七十二嫔妃……都无法让乾隆爷感到幸福。山野间一碗珍珠翡翠白玉汤做到了。

乾隆爷，您幸福吗？

乾隆爷又喝了一大口珍珠翡翠白玉汤，缓缓抬起头来，发现一窈窕淑女，迎面走来。

吾皇万岁定睛一看，原来是董倩。

"董爱卿，你因何而来？"吾皇万岁心情大好。

"皇上，您不知道吗，我们央视正在做幸福节目呢！您是第一个受访者呢！万岁爷，您幸福吗？"

"董倩，你找对人了。我告诉你，简直是幸福到爆表啊！"

董倩正准备说话，只听到"吾皇万岁万万岁"，五六名随从双膝跪地，山呼万岁！

乾隆爷对董倩说道："爱卿，你说说，皇宫里怎么没有这么好的青菜汤呢？这次朕下江南，收获太大了。见到了没有见过的，听到了没有听过的，享受到了没有享受过的，真是太幸福啦！"

"哟，万岁爷，您真是个幸福的万岁爷。您为什么这么幸福呢?"

"嘿嘿，爱卿，这正是朕要出的题目啊。你好好研究研究，给我一个答复，为什么我在江南，一口青菜汤会让我感到如此幸福，在皇宫里从来没有这种感觉呢?"乾隆笑了!

"遵命!"董倩一脸哭相，只能应承着。

"董倩，你们央视是泱泱中华最大最牛的媒体，你们将幸福量化一下，让幸福可以精准测量出来，好让天下百姓知道，他们到底有多幸福!"

又是一声"遵命"!

董倩一边哭，一边急着找人帮忙。

没有调查就没有发言权。

于是，继续央视的调查节目"幸福是什么?"。

幸福，还是姓曾?

播出时间：2012年9月29日19点多。

采访地点：央视记者采访行程中。

访问场景：

央视记者："您幸福吗?"

清徐县北营村务工人员："我是外地打工的，不要问我。"

央视记者相当执着，继续追问："您幸福吗?"

清徐县北营村务工人员用眼神上下打量了一番提问的记者，然后答道："我姓曾。"

2012年中秋、国庆双节前期，中央电视台推出了特别调查节目"幸福是什么?"。央视记者纷纷走向基层，寻访百姓的心声，采访了城市白领、乡村农民、科研专家和企业工人，至数千人之多。一时间，坊间几乎所有人都"幸福"了起来，至少被"幸福"包围了，不管你是姓"福"，还是姓"曾"……

播出时间：2012年10月4日19点多。

采访地点：央视记者采访行程中。

访问场景：

央视记者：你觉得幸福吗？

在郑州就读的大学生：幸福啊。

央视记者：你觉得幸福是什么呢？

在郑州就读的大学生：每天把该做的事做完之后，舒舒服服地玩就是幸福。

央视记者：有什么遗憾的事情吗？

在郑州就读的大学生：高考低了十来分，如果要多这十来分，我就不用跑郑州来了。

央视记者：最想要什么？

在郑州就读的大学生：最想要什么？女朋友。

央视记者：现在单身是吗？

在郑州就读的大学生：必然呢。

央视记者：你是哪一年（出生）的？

在郑州就读的大学生：1994年。

央视记者：觉得这十年最好的事情是什么？

在郑州就读的大学生：最好的事？

央视记者：对。

在郑州就读的大学生：我长大了，而且我家人都很健康。

央视记者：那最坏的事呢？

在郑州就读的大学生：最坏的事是我跟你说话的时候，队被人插了。

央视记者：好，谢谢！

著名作家莫言，因为得了诺贝尔文学奖，也没有能"幸免于"幸福难题！

董倩："你幸福吗？"

莫言温柔地说："我不知道！"

董倩："绝大多数人觉得您这时候应该高兴，应该幸福！"

莫言无奈地说："幸福就是什么都不想，一切都放下，身体健康，精神没有什么压力。我现在压力很大，忧虑重重，能幸福么？我要说不幸福，那也太装了吧。刚得诺贝尔奖能说不幸福吗？"

……

央视如此热闹的调查结果，除了给观众们带来欢声和笑语，不知道有没有达到领导们和董倩的预期。

乾隆爷交代的任务呢？

董倩又哭了……

幸福绝对是主观的：有一千个人，就会有一千种幸福的味道。

第二节 寻找幸福标尺：自己的幸福自己量

幸福是主观的，但并不影响我们寻找幸福的测量公式，来实时关注我们的幸福指数。

感觉到自由，幸福才会来敲门

话说，一晃过了好多天，董倩一直无法安睡。乾隆爷的任务摆在那里，始终无法完成。失眠之后，又是失眠，睡梦中，时不时被各种不幸的梦境惊醒。

这一天下午，迷迷糊糊之间，董倩竟然大老远又看到了乾隆爷。正准备拔腿转身逃跑，那人开口了："董倩，为什么见到我也不招呼，反倒转身要跑呢？"

董倩一看跑不掉了，索性豁出去了，转身往前，说道："万岁爷吉祥！小女子给万岁爷请安！"

那人笑了："我可不是你的万岁爷啊！但我知道，万岁爷交给你一个任务，你一直没有完成，以至于你至今依然茶不思饭不想，为此消得人憔悴，衣带渐宽真后悔啊！"

董倩定睛一看，那人真的不是乾隆爷，想来这些日子思虑过度，眼神儿也恍惚了。董倩想了半天，也不知道这个人是谁，只是感到一种半人半仙的样子。

那人接着说道："幸福是一种感觉，一种很玄的感觉。历史上无数仁人志士探讨过这个问题，似乎都没有找到特别好的答案。不过，他们探寻不出来答案，不代表没有答案。实际上，幸福与我们感觉到的自由直接相关，幸福其实就是我们每个人对自己感受到的自由的综合评价。"

"还是有点儿玄乎！听不太懂！"董倩叹了口气。

"自由大致可以分成两种，一种是我们感受到的自由，一种是我们没有感受到的自由。先说没有感受到的自由吧。最典型的例子是，身在福中不知福。很多孩子家里条件非常好，含着金勺子，攥着银勺子，却一点不觉得自己的生活好。当然，不是家庭条件好，孩子就一定自由。但是，通常来说，家庭条件好，孩子一般更自由些。如果你觉得这个例子还不够说明问题的话，我再给你举个例子。比如说一个人身体特别好，吃嘛嘛香身体倍儿棒的那种。他一定会珍惜他的好身体吗？他一定会觉得他身体上的自由对他来说非常重要吗？这种人往往并不在意和珍惜他们的好身体。很多年轻人都如此。直到年老体衰的时候，人们才越来越体会到身体好带来的各种自由，可惜当初的自由已经渐行渐远。没有感受到的自由也是自由，只可惜我们没有感受到，不能珍惜。平时我们少有这种领悟，遇到自己或者别人疾病缠身时，这种悟性瞬间就被激发起来了。"

"另外一种自由是我们感受到的自由。有的人，能够香喷喷地吃饭，他就觉得很自由很幸福；能够经常和亲朋好友通过微信以及其他方式聊天说话，他也觉得非常开心和幸福；能够每天有一点点小小收获，他也觉得非常满意；即便是没有什么所得，他也知道，活着就已经是世界上无比美好的事情了……这种人总会感觉自己很自由，幸福感自然也就会非常强了。"

董倩正听得入神，那人话锋一转，接着又说道："你们央视的最大问题是，对什么是幸福都没有搞清楚，所以采访来采访去，也不可能得到你们想要的答案，也不可能得到乾隆爷想要的答案。幸福从来都是变动不定的，不会今天感到幸福，明天依然感到幸福；不会昨天感觉不幸福，今天就肯定摆脱不了不幸的阴影。有的人幸福感持续时间很久，幸福几乎成为习惯；有的人不幸的感觉非常顽固，别人乐开了花的事情到他那里也雷打不动；有的人喜怒形于色，刚刚艳阳高照，两分钟后就大雨瓢泼……

"关于幸福的公式，天机不可泄露，所以董倩，我不能直接告诉你。但是我还是需要提醒你，人的欲望是无极限的，人总是有很多欲望无法得到满足。正因为如此，很多人看起来很自由，简直就在蜜罐之中，然而，因为他们关注的是他们没有得到的自由，或者得不到的自由，尽管身处蜜罐之中，他们的心灵却常与痛苦相随。

"著名的经济学家萨缪尔森，你博学多才，自然知道他。这个美国佬，写过大号板砖似的既重且厚、再版数十次的经济学教科书，要么把人考得焦头烂额，要么让人学到聪明绝顶。他有感于困扰人类数千年"什么是幸福"的难题未解时，奋而发明了一个经典公式：幸福等于效用除以欲望。他的定义确实简单，但有个致命的问题，那就是，人的欲望是无穷尽的。即使是阶段性的欲望，也无比强大。既然人的欲望无限多无限大，有任何数学基础的人都知道分式的结果。于是，人生苦短，何谈幸福？

"所以这里，董倩，我还想特别提醒你一句，我们心脏的位置告诉我们，我们永远是偏心的，偏心是公理。我们总会同时体验或者领悟到很多自由，或者不自由。心灵的聚光灯聚焦在哪里，哪里才会散发出幸福的光芒，哪里才会弥漫在不幸的氛围之中。"

董倩连连点头称是，问道："大师，既然您已经告诉我这么多，又何妨多说一句呢？要不，您就告诉我一个公式吧，我好向乾隆爷交差啊！"

话音未落，董倩再定睛一看，那人已经不见了。

董倩打了一个激灵，醒了。

完美幸福公式

董倩叨念着，幸福是什么？幸福是我们对感受到的自由的综合评价。

我们每个人有无数个欲望，于是就有了无数个自由和不自由。既然偏心是公理，那么挑出几个我们认为最重要的自由和不自由，差不多就可以代表我们的主要感受了吧。所谓的聚光灯，也就是关注度嘛。

或许：幸福=自由×关注度？

一想到这里，董倩的心都快蹦出来了，幸福感超乎寻常，无法抑制的兴奋和狂喜！

对了，幸福就是自由乘以关注度。

这就是完美幸福公式！

假设 W（Welfare）是幸福感，范围是 $1 \geq W \geq -1$。

W 接近 1 时，幸福感非常强，整个人状态亢奋。当 W 接近 -1 时，我们感到非常不幸福，抑郁和苦闷写满全身。当 W 接近 0 的时候，我们通常无比平静，心静如水。

假设F（Freedom）表示我们能够感受到的自由，范围是$1 \geq F \geq -1$。

（1）F=1，我们认为，我们的需要完全得到了满足，超级自由。

（2）F=-1，我们感到我们的需要完全没有得到满足，完全不自由。

（3）F=0，我们自己也搞不清楚，我们的需要是否得到满足。

（4）F越是接近1，我们越感觉自由。反之亦然。

再有，我们假设，P%表示我们对一种自由的关注度，范围是$1 \geq P\% \geq 0$。顶级关注度为1，完全无视时P%为0。

那么，用流行方式来表达幸福公式，就是：W=F×P%。

一边想着，董倩感觉到自己幸福到了极点。

董倩套用一下公式来测量一下自己的幸福：P%=100%；F=1；于是乎 W=F×P%=1。董倩明白了，现在的自己是狂喜，是一生中最幸福的时刻。

抓紧时间向乾隆爷汇报吧。

为什么乾隆爷因为一碗珍珠翡翠白玉汤就可以幸福到几近爆表呢？以下就是董倩呈送给乾隆爷的原文实录：

尊敬的万岁爷：

因为饥饿过度，您见到没有味道的饭菜都会激动万分，更不用说有滋有味的珍珠翡翠白玉汤了。

此时，您对味觉的满足感F=1，对味觉的关注度P%=1，于是乎 W=F×P%=1，于是您的幸福感就几近爆表了。

因此，您度过了人生中最幸福的一天，没有之一。

您在宫中为什么无法从青菜汤中感受到幸福呢？

第一，青菜豆腐小冬瓜，一碗清水，这在宫中的您看来，哪里是什么菜啊？万岁爷平常能从这碗汤里感受到自由的概率为0。而人在江南时，您对一碗汤的期待近乎您人生的全部。

第二，青菜豆腐您平时会关注吗？国家大事无数，后宫粉黛无数，您对青菜豆腐的关注度就是0。江南此行完全不同：六宫粉黛无颜色，一碗清汤在心中！

吾皇万岁万万岁！
董倩敬上

写完呈送乾隆爷的奏本之后，董倩忽然觉得自己很困很困，往床上和衣一躺，就睡着了，睡得特别特别香，竟然一个梦也没有！

自己的幸福自己量

一觉醒来，董倩没有意识到，已经睡了将近二十个小时了。实在是太困了！

她回味着自己的幸福公式，仍然深深地沉浸在幸福之中：$W=F \times P\%$。

多么清晰完美的表达！据说越是科学的公式，总是越简单，董倩能够清晰感受到自己的心跳！

人的感觉具有强大的聚光灯功能，我们不关注的东西会被隐藏在暗影之中，即便身旁的人都能够看得清清楚楚，我们自己却常常注意不到。当聚光灯只探测到我们的一种需要时，董倩的完美幸福公式完美无瑕。

然而，现实远比我们想象得要复杂得多，否则人生近乎苍白。于是乎，幸福公式自然不能如此简单。

这样想着，董倩的完整幸福公式就已经出来了：

$W=F_1×P_1\%+F_2×P_2\%+F_3×P_3\%$。

我们在某一时刻，通常会有几种甚至很多种自由和不自由的感觉。正如梦中仙人所言，偏心是公理，所以一个人在某一个时刻只会关注不超过三个自由（或者不自由）的感觉。只要我们将我们最关注的三种自由或者不自由的感觉找出来，自己体验这些自由或者不自由的程度，自己感受这些自由或者不自由在我们心中的分量，我们是否幸福，我们幸福或者不幸福到什么程度，结果呼之即出。

假如我是一名高校老师，同时有两种需要渴望得到满足，一是要吃中饭，二是想给有音乐天赋的孩子买一架钢琴。我还有一个需要已经得到满足：一个星期前评上了副教授。单位人才济济，我年纪年轻就评上副教授，愉快心情一直持续。

请问，此时此刻，我幸福吗？

对高校老师来说，职称评定绝对是件超级大事，老师们都将职称看得非常重，就像生意人看钱多少和政府职员看级别高低一样。更不用说，我年纪轻轻，就在众多强力竞争对手中脱颖而出了。假设$F_1=1$，$P_1\%=80\%$。

给有音乐天赋的孩子买一架钢琴也是我看得比较重的，为了孩子的未来嘛。可叹，志不穷，人穷。愁啊！假设$F_2=-$

0.2，P2%=10%。

马上要到中午了，肚子非常饿了，上午最后一节课还有30分钟。假设F3=-0.05，P3%=2%。

W=F1×P1%+F2×P2%+F3×P3%=1×80%+［-0.2］×10%+［-0.05］×2%=0.8-0.02-0.001=0.779。

W的值离1很近，还是相当幸福啊！

当学生和我开玩笑："老师，饿着肚子上课很不爽啊。"

我很可能会笑着是：人没有饥饿感是一件很糟糕的事情啊！

想到这里，董倩笑容荡漾在脸上，幸福徜徉在心头！

完美幸福公式：W（幸福感）=F（感受到的自由）×P%（对自由的关注度）。感受自由，享受幸福。

第三节　幸福的方法：助人，悦己

人在江湖，难免身不由己。不忘助人，不忘悦己，方可纵横江湖而不迷失。

人在江湖漂，得佩几把刀？

转眼之间，张无忌从中国牛耳大学法学院毕业已经一年多了。

曾经，无忌在牛耳大学法学院独树一帜，成了无数同学学习的标杆。无忌在入学的第二年上半年练就了九阳神功，法学功底极其深厚，经常可以和老师叫板，并且获胜次数不少，尽管老师们很少愿意承认。在颇有点年少轻狂的同学们面前，无忌的江湖地位相当的高。朱元璋、赵敏和周芷若这些同学都不是凡人，同学间几乎没有人能够服得了他们，即便是老师也罕有让他们口服心服的，但大家都服张无忌。

班主任老师谢逊对张无忌宠爱有加。谢逊因为太喜欢无忌，所以在无忌上学的第一个学期，不管无忌喜欢还是不喜欢，都要收下无忌做义子。无忌也喜欢谢逊，关系也就定了。要知道，谢逊老师因为一头金发，江湖上曾被称为金毛狮王，在法学界也是一号响当当的人物啊！

毕业之际，无忌超高分通过法律职业资格考试，获得了进军法律实务圈的敲门砖。无忌记得，义父对于自己的发展，曾给出过几点意见。

义父认为，无忌非常适合在大学或者研究所工作，所以应该考研、读博，之后在高校和研究所潜心研究法律，定成大器。无忌法学功底深厚，尤其是民法功底深不可测，所以在高校或者研究所若干年之后，必然执中原民法之牛耳。这或许是无忌辉煌发展的直线路径。

谢逊认为，对于无忌来说，进入政府部门和法院也非常不错。无忌天性醇厚，待人友善，不重钱财女色，会在政府部门发展得很好，去法院更会在功力上精进无上限。以谢逊的眼光，无忌不会成为贪官污吏，在法院也会秉公执法，所以不会担心变成"恶人"的问题。另外，无忌还有一个明显优势，就是上学早，毕业时非常年轻，如果顺利成为公务员，凭借无忌的学识和人品，绝对可以在官场上一路亨通。

去公司和律师事务所发展或许不是无忌的优势所在。因为无忌的深厚功力在公司和律师事务所里一时间或许难于充分展示。这些地方最先讲究的是一招一式的拳脚技法，尽管无忌在这些方面并不弱，但是抛掉绝世内功不论，无忌就没有绝对优势可言了。

无忌觉得义父的分析非常在理，也特别愿意遵从义父的指引。但让无忌为难的是，自己心中有个梦。

在牛耳大学法学院，有一句执牛耳的名言：法律的真谛是实践！这是法学院泰斗的至理名言，也是无忌最口服心服的一句话。纯粹在大学里当老师，总感觉离实践有点儿距离，所以尽管无忌非常认可义父对自己将来的判断，无忌还是希望先入江湖，在江湖湖海中打拼一番后，再看看路在何方。另外，考硕士，读博士，无忌现在真的不想。

政府部门和法院固然是好地方，但是无忌觉得在这些地方和自己格外崇尚自由的性格有点格格不入。当初在证监会实习的时候，压抑之情就有些不可名状。公司尽管感觉稍好一些，但是可能也差不太多。

律师事务所一直深深吸引着张无忌。童年的无忌在冰火岛过着原始人一般的生活，乡野之间是无忌的最爱，江湖的气息是无忌最喜欢的气息。律师事务所的工作方式最像江湖中的感觉，感觉上也自由。所以尽管义父谢逊深表遗憾，无忌还是选择了在江湖中行走，毅然进入了中原一带名声赫赫的明教律师事务所。

长话短说。眨眼之间，无忌身在明教已经一年多了。从最初的蓝本（律师实习证）到现在的红本（律师执业证），剑在手，直指江湖时，无忌突然发现，江湖中似乎没有几个人能够看到他的浑厚功力！这种感觉，宛如待在乾坤一气袋之中，纵然浑身是力气，却没有办法使出来。欲渡黄河冰塞川，将登太行雪满山，拔剑四顾心茫然！

猛然间，无忌想起自己的义父。虽然无忌常回去看义父，但是身处江湖中的无忌和早已淡出江湖的义父，对于江湖中的事情却很少讨论。这个时候，又是需要倾听义父指点江湖的时候了。

听了无忌的故事和感慨，曾经的金毛狮王大笑不止！

谢逊说道："儿啊，人在江湖，身不由己！读不懂江湖规矩，就没有办法在江湖上混迹啊。江湖和家庭以及学校都大不相同。家庭中，你在，就是父母最大的利益，所以浪迹过江湖的人更容易体验到家庭的温暖。学校和江湖也相差太远。学校中师生同学之间少有真正的资源冲突，所以浪漫校园历来是情场圣地，历来是纸上谈兵的好地方。但是，江湖却常常是情场坟地，是纸上谈兵者的梦魇。

"江湖中向来认利不认人！江湖上的人只管你对他有没有用，有没有益处。比如说，你是不是可以给他带来深厚的内力，你是不是可以教他神一般的武功绝学，你是不是可以让他称雄于中土，他和你的交往是不是可以让他在江湖上拥有响当当的地位，你是不是可以给他带来友情、爱情或者快乐……如果你什么也带不来，或者你能带来的，别人也可以带来，为什么别人需要你呢？所以，孩子，你回忆一下，你这一年多来，究竟帮助别人做到了什么？你帮助别人解决了什么问题呢？"

无忌何等聪明！没有听几句话，无忌已经完全明白了义父的意思。回想一年多以来的经历，无忌汗珠子都滚下来了。

无忌问道："义父，那您看我该怎么办呢？"

谢逊笑道："儿啊，谁的人生不迷茫啊？人在江湖漂，我得送你两把刀啊！

"这第一把刀叫作助人之刀，就是你在别人需要你帮助的时候，你可以帮到别人。你给别人带来的资源和利益越大，别人就会越在乎你。否则，即便是你的功力再深厚，别人也不见得稀罕你！内力就如同你读的书，就如同你的阅历、学历和各种证书，固然无比重要，但是江湖上的人需要你给他们带来真正利益。光靠内力，是断然混不了江湖的。"

无忌说道："义父，孩儿知错了。那么请问义父，另一把刀呢？"

谢逊依旧笑道："孩子，这第二把刀呢，叫作悦己之刀。人在江湖漂，哪有不挨刀？但是，我们常常只注意到别人的刀，想方设法躲过别人的刀，但是有时候恰恰是我们自己残杀自己。还记得我们的祖辈——武功盖世的欧阳锋大侠吗？逆练九阴真经，最后弄到了和自己的影子打斗，这就失去了修炼神功的目的，失去了自我。神功本身是把双刃剑，用得好可以助人悦己，用不好就可能害人害己。因此，我们一定不要忘了我们还需要佩戴第二把刀：悦己之刀！"

谢逊接着说道："孩子，你内功盖世，再佩戴上'助人''悦己'这两把神刀，就可以驰骋天下，笑傲江湖了！"

无忌听完，也是哈哈大笑，盛赞义父果然境界不凡，江湖上人称金毛狮王，果然了得！

无忌临走，金毛狮王没忘叮嘱无忌，有空时可以努力找找江湖上失传多年的葵花宝典——《把信送给加西亚》一读。另外，谢逊还特别叮嘱无忌：帮助别人，一定勿忘悦己！

……

之后不久，江湖上就有了很多传奇故事，一会儿是张无忌舌战群雄，仅靠一己之力在中土智退数万敌兵，一会儿是张无忌在光明顶力挽明教律师事务所于狂澜……

五年之后，如众星捧月一般，无忌成为明教律师事务所史上最年轻、最无争议的掌门人。

再之后，同学赵敏也已功成名就，却始终苦恋无忌。有情人终成眷属，二人喜结连理！

若干年之后，或许是无忌忆起了义父的话"帮助别人，一定勿忘悦己"，或许是无忌想起义父在自己毕业时的教导，无忌携赵敏进入蒙古大学，期成一代民法之泰斗！

自此，江湖中少了一个传奇，多了无数传说！

助人：最高贵的品质叫可靠

据说，美国作家哈伯德《致加西亚的信》影响了整个世界。

故事已经说烂了，就不在乎多说一遍，梗概是这样的：

当西班牙和美国的战争一触即发的时刻，美国总统必须立即和加西亚将军取得联系，让加西亚将军得到古巴的信息。当时，加西亚将军潜藏在一个无人知晓的偏僻山林中，无法收到任何邮件和电报。情况十万火急！

怎么办呢？

有人向总统汇报，中尉罗文可以办。

罗文何许人也？不清楚，颜值一般吧。

总统火速约见罗文，告诉他有一封信要送给加西亚将军。总统没有向罗文描述细节，因为没有。罗文没有问总统加西亚长什么样、怎么打扮、栖息何处、接头暗号是"天王盖地虎"还是"宝塔镇河妖"，就用油布袋将信件密封好，捆在胸前，然后乘坐敞篷船航行四天后，趁着夜幕降临古巴时登陆，消失在丛林中。三周后，罗文中尉走到了古巴的另一端，接着步行穿过炮火连天的西班牙军队控制的领土，把信递交加西亚。

罗文没有任何推诿，以其绝对的忠诚、责任感以及创造奇迹的主动性和能力完成了不可能完成的任务。

一个"把信送给加西亚"的传奇，一位名叫罗文的英雄，一封决定战争命运的信！

罗文精神的精髓是什么？

可靠，绝对可靠，比我们本人还可靠。

谁有如此可靠呢？

我们的心肺，我们的胃肠肝脾肾，我们的眼耳口鼻舌……

我们的父母几乎和我们身上的器官一样可靠，尽管比喻不恰当。只是能力不敢保证！抚育和教养是天底下最专业的活儿，担当此职位的为人父母们却常为生手，绝少专业。常听父母们说，我们对孩子太好了。这话肯定不能算错，但是想法好，方法一定科学吗，结果一定好吗？

这样说，只想告诉大家，亲生父母也难比罗文可靠。

正因为如此，罗文的事迹一百多年来在全世界广为流传，激励着千千万万的人以主动性和超能力完成职责。无数公司、机关和系统都曾人手一册《把信送给加西亚》，以期塑造自己团队的灵魂。

罗文还有一种精神和我们身上的器官可以媲美，而不少父母也做不到，那就是不抱怨，不计较个人得失，不怕吃亏。

中国有个俗语，叫作"吃亏是福"。

《菜根谭》也说：一味学吃亏，是处世良方。

过来人在给年轻人谈人生、谈理想时，常常提到并反复倡导，但是过来人自己也不太清楚，为什么吃亏是福。

道理不难，人是群居动物，人活着就离不开人，资源都是换来的，能做到等价交换就不错了，还指望总能占到别人的便宜？占便宜是我们的天性，别人总能占到你的便宜，心情自然大好，当然喜欢你啦。

明白道理是一回事儿，愿意做是另一回事儿。你吃了一次亏，下次还愿意吃亏吗？就算我们自己愿意这次吃亏，下次吃亏，家里老老少少愿意吗，跟着你的兄弟们愿意吗？

吃一次亏不难，难的是吃一辈子的亏！

正因为如此，经常愿意让人占便宜的品质对于任何与我们打交道的人来说，都是弥足珍贵。

道理总是辩证的，一味学吃亏并不值得提倡。试想，中国跟小日本说，钓鱼岛是你们的，拿去吧；中国对菲律宾、越南说，南海诸岛你们看着分吧，我们家大业大，全不怕，老百姓愿意吗，子孙后代愿意吗？

所以，愿意吃亏，得看咱能吃哪些亏，咱吃的亏能不能为别人换来资源和利益。

无原则地吃亏，是犯傻。吃亏，能帮到别人，同时不影响我们的核心利益，值得。

可以总结一下了。

忠诚，能力非凡，还不怕吃亏，才是真正的可靠！

最高贵的品质叫可靠，它可能会为我们带来无限的身外资源和利益。自由，就此迫近。

悦己：生命是用来享用的

外婆享年88岁，去世已是前年。

外婆到外公家时，身为童养媳，想来年少的日子不会太好过。后来外婆的孩子多，甚至我二姨娘都被送到别人家养了，所以外婆年轻时不会太享福。但那些对外婆都不是事儿，既没有给她老人家的身体造成恶劣的影响，也没有给她老人家的精神蒙上擦不去的阴影。我记忆中的外婆是个健康的老人，幸福的老人，愿意享受的老人，有信仰的老人。

幸福源于健康的身体。

外婆无比健康。82岁的时候，外婆和她的两个儿子以及两个外孙女婿一起爬长城，累得两个儿子都顶不住了，外婆竟然坚持登顶，她认为风景顶上更好。要不是晚辈们一致强行阻拦，登顶想必不是问题。深秋的北京，冷风瑟瑟，长城归来，走到天安门前时，已是傍晚时分，别人冻得不行了，外婆竟只是流了点儿清鼻涕，完全没事儿。

外婆耳不聋，眼不花。白内障发作前，外婆穿针从来不戴老花镜。十几年前，我们让不识字的外婆看视力表上的"山头"，居然可以看到1.0甚至1.2，让戴眼镜的晚辈们悉数汗颜。

外婆特能吃。一斤重的梨一会儿工夫吃完了，绝对香。一大碗连汤带水的排骨，不在话下。我们这些晚辈们傻站着看着，羡慕不已。

生命在于运动。

外婆好动，从不闲着。到我家里，我妈一转身，外婆就将碗洗了，再一转身，衣服又搓了几件。在自己家里也一样，一双曾经缠过的小脚没有影响到走路的速度，里里外外忙活着，一刻不停。

好奇心是生命的活力源泉。

只要我们说去哪里逛逛，看看什么新奇的东西，她一定穿戴整齐前往，穿戴的速度比小孩子们还要快，好奇心永驻心中。八十多岁的人了，竟然没有好奇心缺失的时候。

生命在于掺和。

外婆爱凑热闹是出了名了，不管谁家的事情，总要掺和，但绝不搅和。红喜事也好，白喜事也好，只要有机会，外婆全部参加。外婆绝对是积极参加各项社会活动的杰出代表。

在我们家，不忙的时候，外婆喜欢端坐在那里，慈祥地看着我们，听我们聊天。有时候，我们也会问她，您听懂我们在说什么吗？外婆会哈哈一笑，诚实地说："听不懂啊！"看电视，外婆最爱看的是"战斗片"，因为那玩意儿热闹！问她演的是什么，外婆常常笑呵呵地摇着头，诚实到可爱的程度。

吹牛让生命多彩。

外婆爱吹牛，从北京回家，明明是坐火车回去的，愣是对几位老姐妹们吹牛说自己是坐飞机回去的，惹得个别不明真相的老妹妹心痒痒的。外婆偶尔开开玩笑，玩笑开得很幸福。外婆去世前几个月，我曾经专门回老家一趟看她，给了她五百块钱。很快，全村的人都知道了：大外孙刚给了她五百块钱。奔丧的时候，不仅一个亲戚跟我说了这些事。

信仰让生命有了可靠的精神家园。

我和基督教的渊源很深，源于我的外婆和曾外婆。两位老人笃信基督。童年时，我在外婆家长大，她们吃饭时为我祈祷，洗澡时为我祈祷，睡觉时为我唱歌。因此，我一直无比尊重有信仰的人。外婆与人为善，坚持参加各项教会活动，绝对标兵。

不抱怨的世界最美好。

我很少听到外婆抱怨什么。外婆不是没有个性脾气的人，但是外婆有脾气就发了，不会背地里做不光明正大的事情。

晚辈们认为，外婆应该能活到一百多岁。但是摔了致命的一跤，我们的梦想结束了，以及外婆的岁月。

以小人之心度她老人家君子之腹，我觉得老人家是幸福的。老人家不仅让我们开心，她自己也过得很幸福。

真正的助人悦己，何其难得。

老人家的一生诠释了一个最朴素的道理，人生从来不完美，但人生是用来享用的，不是拿来吃苦受罪的。

老人家的生活状态早已成为我的人生目标：人生是用来享用的；为了幸福，时刻努力着。

　　助人，是幸福的条件；悦己，是幸福的根本。一味助人，幸福或将擦肩而去；一味悦己，海内难存知己。助人悦己，成就他人，满足自己，幸福相随。

第四节　当幸福成为习惯

　　世界上最伟大的力量是习惯。当幸福成为一种习惯时，想不幸福都难。

尊重世界上最伟大的力量：习惯

　　在物理学中，有个著名的牛顿第一运动定律，也称为惯性定律。惯性定律科学地解释了一定条件下力和物质运动状态的关系，并且提出了一切物体都具有的保持其运动状态不变的属性——惯性（inertia）。牛顿将惯性定义为，是物质固有的力，是一种抵抗的现象，它存在于每一个物体当中，大小与该物体相当，并尽量使其保持现有的状态，不论是静止状态，或是匀速直线运动状态。惯性定律是物理学中的基本定律。

　　还有一个惯性定律，学习经济学的人无人不知，无人不晓。就连没有学习过经济学的人，也有很多人知道。这就是路径依赖定律。著名的经济学家道格拉斯·诺思（Douglass C. North）让路径依赖理论声名远播。

　　路径依赖（Path – Dependence），也有人会翻译成路径依赖性，主要是指人类社会中的技术演进或制度变迁都有类似于物理学中的惯性，即一旦进入某一路径——不管是"好"的路径还是"坏"的路径——就可能对这种路径产生依赖。一旦人们做出了某种选择，就好比走上了一条"不归路"，惯性的力量会使这一选择不断自我强化，并让你轻易走不出去。

路径依赖从人性的角度其实也是比较容易理解的。人都是趋利避害的，所以人见到熟悉的东西会比较亲切，看到熟悉的道路会更愿意走，在陌生的地方看到熟悉的人会备感亲切。因为人的本性不可以也不应该用道德来解释，所以路径在道德上的"好"和"坏"不是人的本性能够左右的。

为什么一个公司有时候会不惜一切代价抢占市场，根本目的是为了公司的长期利益，否则一个公司绝对不会"理性"到随随便便去牺牲一时的利益。因为当消费者习惯了使用某种商品时，持续地使用某种商品就成为一件很简单的、很自然的事情。这就是惯性，也就是路径依赖。

路径依赖既发生在行为上，更会在人的观念上得到不断的强化和固化。习惯（habit）就是个人轨道。人在习惯的轨道里转圈越多，观念和行为越难发生改变。习惯让一切变得简单。我们在小的时候，家长和老师常常告诉我们，要养成好习惯。我们成年以后，也希望自己的孩子养成好习惯。为什么？因为习惯是世界上最伟大的力量，是一种铁面无私的最强大的暴力。习惯会引导我们去做我们已经非常熟悉的事情，去走我们熟悉的路径，去用熟悉的思维方式去思考问题，去用过往的经验来认识和改造世界。它正确吗？很多情况下是正确的，否则人类不会走到今天。也有很多不正确的地方，否则人类就不需要改变和变革了。

有两个非常经典的故事，能够让我们充分体验惯性的最伟大力量和"残酷性"。

第一个故事的名字叫《从马屁股到现代铁路》：

"锁定"是新制度经济学的一个重要概念，它是说一个团体、一个社会一旦选择某种制度，就会对这种制度产生一种依赖并在一定时期出现制度自我强化现象。换句话说，就是制度可以在某一方向上不断繁衍复制。

美国铁路两条铁轨间的标准轨距是4英尺8.5英寸。为何是这样一个标准呢？它源自英国铁路标准。因为英国人是修建美国铁路的指挥者。英国人又从哪里得到这样一个标准呢？英国的铁路是从电车车轨标准中脱胎来的。电车车轨为何采用这样一个标准？原来最先造电车的人以前是造马车的，而他们是把马车的轮宽标准直接搬用过来的。为何马车要用这样一个标准呢？因为英国传统路程上的辙迹的宽度为4英尺8.5英寸。这一宽度又是谁制造的呢？是古罗马军队的战车。古罗马军队为何以这个数字为轮距宽度？答案极为简单：两匹战车的战马的屁股的宽度。这样一个宽度有利于战马的驰骋。

我们常常在探讨中国人如何习古不化，如何缺乏创新精神，看看上面的故事就可以知道，无论是东方人，还是西方人，大家都非常自然地遵从于习惯，即使是在不断地创新中，即使时代不断地在发展，很多传统的东西会自然而然地被我们的祖先和前辈带入到我们的生活中。这样的案例不胜枚举。

20世纪80年代，可口可乐与百事可乐之间竞争十分激烈。可口可乐为了赢得竞争，对20万13.59岁的消费者进行调查，结果表明，55%的被调查者认为可口可乐不够甜。本来不够甜加点糖就可以了，但可口可乐公司花了两年时间耗资4000万美元，研制出了一种新的更科学、更合理的配方。

　　1985年5月1日，董事长戈苏塔发布消息说，可口可乐将中止使用99年历史的老配方，代之而起的是"新可口可乐"。当时记者招待会上约有200家报纸、杂志和电视台的记者，大家对新的可口可乐并不看好。

　　24小时后，消费者的反应果然印证了记者们的猜测。很多电话打到可口可乐公司，也有很多信件寄到可口可乐公司，人们纷纷表示对这一改动的愤怒，认为它大大伤害了消费者对老的可口可乐的忠诚和感情。旧金山还成立了一个"全国可口可乐饮户协会"，举行了抗议新可口可乐活动。还有一些人倒卖老可口可乐以获利，更有人扬言要改喝茶水。此时百事可乐火上浇油。百事可乐总裁斯蒂文在报上公开发表了一封致可口可乐的信，声称可口可乐这一行动表明，可口可乐公司正从市场上撤回产品，并改变配方，使其更像百事可乐公司的产品。这是百事可乐的胜利，为庆祝这一胜利，百事可乐公司放假一天。

　　面对这种形势，1985年7月11日，可口可乐公司董事长戈苏塔不得不宣布：恢复可口可乐本来面目，更名"古典可口可乐"，并在商标上特别注明"原配方"。与此同时，新配方的可口可乐继续生产。消息传开，可口可乐的股票一下子就飙升了。

从此以后，我们不要太过苛责那些"惯犯"，包括监狱中的惯犯，怒斥他们为什么不能奋力改变自己，坚决地重新做人。我们不得不承认一点，惯性的力量实在是太大了，大到我们绝大多数人根本无法抵抗。试着想一想，有多少人做到了科学减肥，并且减肥成功了呢？更不用说，有几个人可以反抗毒瘾最终戒毒成功？

我们应该常常思考这几个问题：第一，哪些是好习惯？第二，怎样培养好习惯？第三，什么样的力量可以与行为习惯的力量相抗衡，甚至可以打败不好的行为习惯？第四，新观念怎么打败旧观念？

每天成功这么多次，还不能成为幸福的"惯犯"吗？

有个亿万富翁，身体非常不好，几乎没有消化功能，除了一点流食，什么都吃不了。

那个寒冷的冬天，亿万富翁坐在自己价值千金的温暖的屋角里，猛然间，他那并不明亮的眼睛发现，在冰天雪地中的街角里，垃圾堆上，坐着一个穿着破烂的乞丐。这个乞丐在垃圾堆中摸索着，摸索着，终于发现了一块儿一定是硬得足以硌掉任何人牙齿的馒头，开始有滋有味地嚼了起来，尽管看起来非常艰难。

亿万富翁的脸上泛起了泪花，心中唏嘘不已，长叹："如果我也可以像这个乞丐一样这么香喷喷地吃饭，我愿意扔掉所有的一切！"

还有一个人，因为膀胱出了问题，住院接受治疗，没有办法像平常人那样尿尿了，他感到非常难受。

一天，他经过病房旁边的厕所，听到了别人小便的声音。他的心中无比羡慕：要是我能这样小便，那该多好啊！

我们每天都会成功无数次，可是我们傲娇的双眼从来只关注那些傲人的成功，对于这些稀松平常、绝不起眼的成功从不关注。

我们每天能香喷喷地吃饭，就是非常大的成功；可以顺畅地呼吸，就是非常大的成功；可以香香地睡觉，就是非常大的成功。因为吃得好、睡得香、精力好，我们又可以在每天的生活中取得一个个成绩和成功。

有多少人在吃饭的时候，在沙发上躺着休息的时候，在纷繁的人群中穿梭的时候，为生活中小小的不成功唉声叹气的时候，抽出哪怕是一点点时间来考虑过，我们其实每天成功无数次，在浑然不觉间！

不要装怂，永远不要，因为，只要我们成功地活着，我们就一直是强者，我们就一直是成功者！

珍惜每一次成功吧，因为每一次看起来轻松的成功不是当然可以得到。

幸福的秘诀不是其他，而是：珍惜现在的每一次成功。

现实无比美好，珍惜生命中的每一个呼吸和心动。

让我们成为幸福的"惯犯"吧。

习惯成自然：幸福也在风雨中

《伊索寓言》中有这样一个故事。

有一次，伊索让他的驴子驮着一座宙斯的神像进城。因为见到了神像，所以路人纷纷拜倒在地，向神像敬礼。驴子认为路人在向他敬礼，得意地站在原地，等着路人向他叩拜。伊索狠狠地抽打着驴子喝道："蠢驴！你以为人家是向你鞠躬吗？"

如此"蠢"驴，竟然可以在绝望之中清醒地看到绝处也可逢生，你信吗？

话说，从前有一个农夫，他的一头驴子一不小心掉进了枯井里。农夫绞尽了脑汁，想把驴子救出来，但是尝试了各种办法，就是没有办法将驴子救出来。几个小时过去了，驴子在枯井里哀嚎着，"期待"着奇迹发生。但是，农夫想着这头驴毕竟老了，不值得将井刨开再救上驴子，再说了，这口井无论如何是需要填起来的，于是农夫就找到邻居帮忙，一起将井里的驴子埋了，以减轻驴子遭受的痛苦。

农夫和邻居一铲一铲将泥土往井里填，驴子似乎也更加清醒地意识到自己的绝望处境，哭得更加凄惨了，农夫和邻居都觉得很对不起这头大龄驴子。不过，出人意料的是，驴子很快就安静了下来，只听到一阵阵"噗噗"的声音。农夫和邻居都非常好奇地向井底探望，发现了令人吃惊的一幕：当一铲一铲的泥土落到驴子背上的时候，驴子就将这些泥土抖落到身边的地上，然后站到新"垒"的泥土堆上面。

驴子就这样一步一步向上升，最后升到了井口，在农夫和邻居不可思议的眼神中跑开了。

蠢驴如此，更何况我们这些万物之灵的人类呢？有时候，即便是在绝望之中，灵机一动会给我们带来机会、希望和财富，还有幸福。

在德国，有一个造纸工人，他在生产纸的时候，一不小心弄错了配方，结果生产出来了一批不能书写的废纸。结果可想而知，他当即被老板解雇了，还"幸运"地得到了一批废纸。

正在这个倒霉仔灰心丧气、愁眉不展的时候，他的一位朋友劝他说："任何事情都可以从不同的角度来考虑，从不同的视角来看待。你不妨换一个角度、换一个思路来看看，或许这批废纸就变废为宝了！"经过朋友的点拨，他猛然发现，这批废纸的吸水性非常好，可以很容易就吸干家庭器具上的水。于是，他将这些纸切成一个一个的小份，取名"吸水纸"，投放到市场上，竟然非常畅销。他申请了专利，独家生产吸水纸，结果财源滚滚，发了大财。

绝处逢生常常没有这么简单，每个人的一生都必然会经历各种各样的风风雨雨，大风大浪。在波浪滔天的困境中时，我们是否还可以积极进取，为了我们的生活更美好而努力，为了我们更加自由和幸福而奋斗。

毕竟，人生从来不缺乏挫折和困境。

英国劳埃德保险公司曾经从拍卖市场上买下一艘船。这艘船1894年下水，曾经遭遇过138次冰山，116次触礁，13次起火，207次被风暴吹断桅杆，但是它坚强地行驶在海面上，从来不"愿意"沉没。劳埃德保险公司将这艘船捐献给了国家，这艘船停泊在英国萨伦港的国家船舶博物馆里。

使这艘船名扬天下的并非英国劳埃德公司，而是来到英国国家船舶博物馆参观的一名律师。他刚刚打输了一场官司，委托人也自杀了。遇到这样的事情，他有着强烈的负罪感，他不知道怎样安慰在生意场上和各种场合下遭受了不幸的人们。当他看到这艘船的时候，他突发妙想，为什么不带这些人来参观这样一只神奇的"坚强"的船呢？

历经风雨，怎么会不满是伤痕呢？

270

不经风雨，又何以见彩虹？

世界上唯一可以不经过艰苦努力就得到的是年龄，你真的希望自己说老就老吗？

既然人生不如意者十之八九，为什么我们不可以常思一二呢？

幸福永远和人生的挫折、不如意脱不了干系。当我们成为幸福的"惯犯"，在挫折与不如意之中，我们照样可以体验到属于我们自己的幸福。

当幸福成为一种习惯，我们就是和幸福在一起的。

珍惜生命中的一切，不论彩虹，还是风雨。久而久之，幸福就成了生命中的常客。

后记：可以拈花微笑

哪有人生不迷茫！可以拈花微笑。不是高僧，宛如赤子。

无比宽广的世界，无限辽阔的宇宙，有边界吗？如果有边界，它的边界在哪里？宇宙到底有多大？孩提时候，当我端着无比渺小的身子站在蓝色地球上仰望神秘星空的时候，我就在傻傻地问，傻傻地想。

上下五千年过去了，整个人类，面对苍茫缥缈的宇宙，依然一脸茫然！

即便是地球，即便是我们几乎踏遍了的地球，也还是有着大片大片的蔚蓝——无垠的海洋——足够我们惊讶。蓝色的海洋，另外一个神秘的"宇宙"！那一望无垠的蔚蓝色的大海里面，究竟生长着多少神奇的生物，究竟蕴藏着多少宝贵的资源，究竟发生过多少动人心魄的故事！面对深邃的海洋，看着文明世界的人们，上帝又要笑了——人类总也撕不掉浅薄的标签！

何止于蔚蓝！

即便是面对我们人类自己，一样有太多未知的领域需要我们去探索，一样有太多难解的困惑需要我们去直面。就拿疾病来说吧，伟大的人类已经攻克了许许多多的疾病。然而，当历史的车轮走到今天，我们还是弄不明白很多疾病的病因，还是拿很多疾病没有办法……尤其是当某种致命的疾病到了晚期，我们难免会眼睁睁地看着挚爱的亲朋强忍着病痛折磨，眼睁睁地看着旁边爱莫能助的医生，明知死神与亲朋相近，却又无可奈何！

　　人类社会给我们自己带来更多的困惑和迷茫。当无数人走到一起的时候，当无数人形成一个无比庞大而又复杂的社会的时候，当人类社会的文明越来越发展进步的时候，我们还是得面对不尽的困惑和无限的茫茫。我们常说，三个女人一台戏，更何况这个世界上聚居了数十亿我们的同类，大家为了各自的利益，战斗着，交易着，和平着……我们只要活着一天，就会感受到人群中散发出的无限多的困惑和迷茫。面对无限多的困惑和迷茫，我们人类中的精英——各行各业的专家们也常常百思不得其解！

　　才华横溢如苏轼，因为政治立场等多种原因，多次受到打击，三起三落，最终病逝于归京路上。但是，无论是在狱中，还是在被贬的任何地方，无论是心知肚明，还是困惑迷茫，苏轼都能以积极的生活态度对待自己，对待国家大事，对待平民百姓，对待一切。这是我无限崇拜苏轼的根本原因。

　　一首《定风波》，真实描画出苏轼曲折的经历和伟大的人格：

　　　三月七日沙湖道中遇雨。雨具先去，同行皆狼
　　狈，余独不觉。已而遂晴，故作此词。
　　　莫听穿林打叶声，何妨吟啸且徐行。
　　　竹杖芒鞋轻胜马，谁怕？一蓑烟雨任平生。

料峭春风吹酒醒，微冷，山头斜照却相迎。

回首向来萧瑟处，归去，也无风雨也无晴。

无比豁达的人生境界和超凡脱俗的人生智慧！

佛一般！

说到佛，不得不说到大梵天王在灵鹫山上请佛祖释迦牟尼的一次说法。

大梵天王率领众人将一束金婆罗花献给佛祖，隆重行礼之后，大家退坐一旁。佛祖拈起一朵金婆罗花，意态安详，却不说一句话。

大家不明白佛祖的意思，面面相觑，唯有摩诃迦叶破颜轻轻一笑。

佛祖当即宣布：“我有普照宇宙、包含万有的精深佛法，熄灭生死、超脱轮回的奥妙心法，能够摆脱一切虚假表象修成正果，其中妙处难以言说。我以观察智，以心传心，于教外别传一宗，现在传给摩诃迦叶。”然后把平素所用的金缕袈裟和钵盂授予迦叶。

这就是拈花微笑！

我们这些凡人，难以企及苏轼的境界。谈及高僧乃至佛祖的智慧，更只能心向往之！

我们今生注定要和困惑相伴，与迷茫同行，在迷茫和困惑的人生路上，探索着人生，也力争享受着人生。整个人类同样如此，自人类的童年开始，到人类的文明时代，再到未知的由近及远的将来，人类必将始终与迷茫和困惑相伴，永远走在已知和未知交错的路上！

我们该如何面对？

或许：

已知也好，未卜也好！了然也好，迷茫也罢！荣华时，萧瑟处，也无风雨也无晴！

我们拈花微笑，悦迷茫，不是高僧，宛如赤子！

拈花微笑，悦迷茫。自由间或不至，幸福常驻心中。

图书在版编目（CIP）数据

活明白 悦迷茫 / 吴圣奎 著. -- 北京 ： 作家出版社，
2016.8 (2016.12重印)
　　ISBN 978-7-5063-9141-2

　　Ⅰ. ①活… Ⅱ. ①吴… Ⅲ. ①人生哲学 - 通俗读物
Ⅳ. ①B821-49

　　中国版本图书馆CIP数据核字（2016）第215701号

活明白 悦迷茫

作　　　者：吴圣奎
责任编辑：桑良勇
装帧设计：　　想飞磊.com
出版发行：作家出版社
社　　址：北京农展馆南里10号　　邮　　编：100125
电话传真：86-10-65930756（出版发行部）
　　　　　 86-10-65004079（总编室）
　　　　　 86-10-65015116（邮购部）
E-mail:zuojia@zuojia.net.cn
http://www.haozuojia.com（作家在线）
印　　刷：北京明月印务有限责任公司
成品尺寸：142×210
字　　数：210千
印　　张：8.875
版　　次：2016年11月第1版
印　　次：2016年12月第2次印刷
ISBN　978-7-5063-9141-2
定　　价：33.00元